Web 大数据的分析与推荐方法

Analysis and Recommendation Method for Web Big Data

李 琳 黄文心 袁景凌 钟 忺 马成前 著

U0197612

科 学 出 版 社

北 京

内 容 简 介

本书利用当前最热门的社交网络媒体微博等进行大数据文本分析,并在此基础上,提出基于文本分析的推荐方法,多层级推荐方法,融合评分矩阵的推荐方法,基于社团聚类的推荐方法,基于用户点击行为的混合推荐方法,融合隐性特征的群组推荐方法,分布式群组推荐方法。同时给出一种 Web 查询词推荐服务,让用户更精确地查找并定位到所要搜索的相关网页。

本书可供 IT 领域硕士、博士研究生,大数据分析处理工程技术人员阅读参考。

图书在版编目(CIP)数据

Web 大数据的分析与推荐方法/李琳等著. —北京:科学出版社,2018.5
ISBN 978-7-03-057272-1

Ⅰ.①W… Ⅱ.①李… Ⅲ.①数据处理 Ⅳ.①TP274

中国版本图书馆 CIP 数据核字(2018)第 082438 号

责任编辑:杜 权 / 责任校对:董艳辉
责任印制:张 伟 / 封面设计:苏 波

科 学 出 版 社 出版
北京东黄城根北街 16 号
邮政编码:100717
http://www.sciencep.com

北京凌奇印刷有限责任公司 印刷
科学出版社发行 各地新华书店经销

*

开本:B5(720×1000)
2018 年 5 月第 一 版 印张:12 1/4
2022 年 11 月第五次印刷 字数:250 000
定价:70.00 元
(如有印装质量问题,我社负责调换)

前　　言

　　近些年来,随着信息技术的不断发展和 Internet 的推广应用,产生了海量信息。成千的电影、上万的书籍、亿万的网页已经成为内容丰富的大数据[1]。网络产品及应用程序产生的 Web 大数据涉及生产与生活的各个领域。Web大数据,不仅数据规模大、数据形式多样、数据更新快,而且具有丰富的数据价值[2]。通过数据挖掘方法发现数据呈现的模式后,可以针对性地为生产与生活提供更合适的服务。然而,Web 大数据信息的这些特点同样会造成严重的信息过载,以至于用户无法直接接触到自身最需要的信息。因此,在大数据时代,各领域及行业应用平台迫切需要根据用户需要,定制化地展现更合适的信息,为用户提供更便捷有效的信息获取方式[3]。目前,解决信息过载问题主要有两类方法:搜索引擎和推荐系统。推荐系统凭借其充分挖掘大数据信息的能力,即使在用户没有明确目的的情况下,也能发现用户感兴趣或以后会感兴趣的信息[4]。因此,为了更好地自动发现用户需要的信息,推荐系统在大数据时代得到了广泛的应用,成为解决信息过载问题强有力的工具。

　　推荐系统的核心是推荐算法。大数据时代,推荐算法作为最有用的数据挖掘算法之一,具有以下多个优势:①大多推荐算法的可扩展性强,能够并行化执行,因此可以处理大数据;②无须用户提供明确需求就可以解决信息过载,挖掘出用户感兴趣的甚至潜在感兴趣(推荐给用户后,用户才发现自身感兴趣)的物品[5];③推荐平台选择合适的推荐算法后,也可便捷地根据用户的反馈,调整和改进已有推荐算法;④能够和聚类算法、分类算法、模式挖掘算法等其他数据挖掘算法结合使用,在推荐、预测、分类等多方面发挥作用[6]。

　　推荐系统在电子商务、电影与视频、音乐与电台、社交网络、书籍、基于位置的服务以及广告等多个领域发挥着十分重要的作用。推荐系统中最普遍的两个应用场景是以用户为核心的个性化推荐场景和以物品或对象为核心的相关推荐场景[7]。个性化推荐场景能够从用户的基本特征或行为模式中发现用户的偏好和品味,从而为不同偏好用户定制化地推荐相应物品,保证推荐平台能够满足用户对不同品味的需求[8]。相关推荐场景能够根据物品的特征和用户对物品的反应,为用户展现、查看物品的相关物品[9]。这样,在用户对某物品感兴趣时,可以很容易找到相似或者相关的物品,避免了用户从大量信息中筛选信息的过程。推荐平台应用推荐系统的意义在于,如果用户经常从推荐系统中获得自身需要的信息,他们会逐渐信任和依靠推荐系统,并加强与推荐系统的交互,从而促进推荐系统的良性循环。

本书就是在这一大背景下产生的。本书总结作者近几年的相关研究成果,分别从原理、方法、应用及实验分析等方面进行介绍与讨论。主要包括微博大数据分析与推荐方法、Web 大数据多层级推荐方法、融合评分矩阵和评论文本的推荐方法、基于社团聚类的推荐方法、基于用户行为的混合推荐方法、融合隐性特征的群组用户推荐方法和分布式群组推荐方法等。

本书由武汉理工大学的李琳博士、袁景凌博士、钟忺博士、马成前博士和武汉大学的黄文心博士共同撰写。要感谢参考文献作者的贡献,感谢钟珞教授全面的指导与支持。

限于作者水平,不足之处在所难免,诚望读者批评指正。

作　者

2018 年 1 月于武汉

目　　录

第1章 绪 论

在大数据和云计算席卷全球的当今,推荐系统和推荐算法得到了广泛而又迅速的发展。推荐系统通过对大数据进行数据挖掘和知识发现,创造了极大的价值,使推荐算法受到国内外大量专家、学者、研究员等的广泛关注。随着互联网作用的不断扩大,包括电影、音乐、电子商务等在内的各 Web 数据平台都或多或少地采用推荐算法来提高用户满意度[10-14]。在电子商务平台,Zhao 等[15]针对用户购买力设计的推荐算法和 McAuley 等[16]提出的基于物品样式的推荐算法有着异曲同工之效,都能从单因素的角度发现适合用户的物品。Reddy 等[17]将奇异值分解(singular value decomposition,SVD)技术用于音乐推荐,以资深歌手的角度为用户推荐符合其品味的音乐作品。Diao 等[18]将电影网站包含的电影信息、用户评分、用户评论等在内的 Web 大数据用于推荐系统,提出 JMARS 推荐算法来为观赏电影的用户推荐他们更感兴趣的电影。

以 QQ、微信为代表的聊天工具,以及以 Facebook、微博为代表的信息展示与交互工具使社交网络成为大众生活中密不可分的一部分。社交网络由用户、物品、用户属性、物品标签等 Web 数据元以及它们之间的相互关联组成。作为信息密集且飞速更新的代表,社交网络中的推荐系统发挥着举足轻重的作用。其最大的特点在于,传统推荐算法加入社交网络中的关联信息后,可以进行更合理的物品推荐、好友推荐以及标签推荐[19]。

虽然推荐系统已经能够在解决信息过载方面发挥重要的作用,但由于Web 大数据的复杂性,传统推荐算法在处理 Web 大数据方面还有许多不足。因此,各种改进策略用于完善推荐算法。Li 等[20]用 SVD 矩阵分解技术改进传统推荐算法,从而帮助推荐平台缓解 Web 大数据过于稀疏的问题。于洪等[21]将时间权重信息与用户-项目-属性三分图相结合,根据用户时间权重建立用户积性模型,从而能在一定程度上缓解推荐算法中新项目的冷启动问题。Kluver 等[22]融合传统的基于用户的协同过滤(UserCF)、基于物品的协同过滤(ItemCF)和 SVD 推荐算法,完善了新用户的推荐问题。根据不同领域或场景的实际需要,不断有专家将聚类技术[23]、排序学习技术[24]、深度学习技术[25]和逻辑回归技术[26]等数据挖掘技术方法与传统推荐算法相结合,设计更符合场景的推荐模型,以提高推荐效果。

多样化推荐结果是优化推荐算法的一个重要方向。当前的多数推荐算法是以提高推荐集合的准确性为主要目标的。但是,这样设计的推荐算法具有很大的局限性。适当提高推荐集合的多样性,不仅能够为用户提供更丰富的物品推荐,而且能够反过来提高推荐结果的准确率等其他性能,改善整体的推荐效果[27]。根据用户的反馈,改进推荐模型是另一个应用前途广泛的推荐算法改进方向。Aiolli[28]结合反馈信息,对 top-n 推荐中的物品排名进行重计算,在很大程度上提高了相关物品预测的准确性。Yi 等[29]根据用户浏览不同内容的停留时间,分析用户反馈信息,并将用户反馈信息融入协同过滤模型,从而提供令用户更加满意的推荐。Volkovs 等[30]根据用户对历史推荐结果的点击、查看、播放操作行为,计算用户对推荐结果满意与否的二元反馈值,并用于更新相似度矩阵,从而在提高推荐准确性的同时加速推荐结果的计算。

对于物品相关推荐场景,通用化推荐往往无法发挥用户特性。因此,许多专家采用基于群体的推荐算法,根据用户特征划分用户群,以群体为单位生成相应的群推荐列表。Chen 等[31]将基于群体的推荐算法用于以 Flickr 为代表的图片分享网站,与通用化推荐算法相比,其多个方面的性能有所提高。Zhang 等[32]将群推荐方法与潜在因子模型相结合,从而更好地利用相同群内用户的位置特征之间的联系,进行合适的兴趣点(point of interest,POI)推荐。尽管群推荐技术已有不错的发展,但相关推荐场景的群推荐还有很大的改善空间。

如今微博正在迅猛发展,越来越多的国内外学者开始将其作为研究和关注的焦点。各行业的科研人员在现有的社交网络基础上,对微博相关理论以及实践的开展进行了进一步研究。随着在线社交网络服务的兴起,更多的人开始研究其数据特征。国内外有大量的学术文章是关于微博的,尤其是Twitter。Newman 等[33]对整个 Twitter 空间以及信息扩散进行了定量分析和研究。2007 年,Java 等[34]对 Twitter 进行了初步分析,数据集大约有 76 000个用户和 1 000 000 条推文,他们发现了基于用户意图对话题的用户集群。Krishnamurthy 等[35]根据粉丝和所关注人数量之间的关系分析了用户的特征。Jansen 等[36]也对 Twitter 的口碑进行了初步分析。在 2010 年进一步讨论了 Twitter 的拓扑特征以及其作为新的信息媒介传播和分享的能力[37]。然而随着新浪微博的迅速崛起,越来越多的研究者开始着手对中文微博的媒体特征做出分析和研究。Liu 等[38]将基于翻译的方法和基于频率的方法结合起来对关键字进行抽取,他们抽取来自新浪微博用户的关键字。

　　Web 搜索引擎在过去的十年里极大地提高了人们获知信息的方式。当一个用户在搜索框里键入一个查询词时,大部分搜索引擎是通过查询词的历史记录提供推荐服务帮助用户给出搜索结果[39]。用户可以快速地选择一个已推荐的完整词(在某些时候,也可以直接替代)。这样,用户就不需要完整地键入整个查询词。目前的搜索引擎主要是根据用户输入的查询词在历史记录里进行查询检索,然后将其与用户查询相关的结果返回给用户,但是,在大多数情况下得到的检索结果并不能够完全准确地表达出用户的意图,尤其是对于那些网络上新鲜出炉的信息。用户如果对检索返回的结果不满意,则可进行再次搜索,输入新的查询词,直到找到最满意的结果,并将其返回。为了方便用户查询,近几年来很多商业的搜索引擎如 Google、Bing、Baidu 等都给出了查询词推荐以方便用户进行准确的搜索,进一步提高了搜索引擎的可用性。

　　国内外有很多研究工作是关于查询词推荐的。最初的工作主要集中在对当前用户的查询词去识别历史的相似查询词。Baeza-Yates 等[40]在搜索日志里呈现了群集查询。给定一个初始查询词,来自群集的相似查询词将会被识别,这是基于向量相似度衡量标准之上的,然后将其推荐给用户。Barouni-Ebrahimi 等[41]根据词频,统计那些出现在过去用户提交的查询词,然后将其推荐给用户。Gao 等[42]描述了针对跨语言的信息检索的查询词推荐算法。最近,Broder 等[43]提出了稀少查询词的在线扩充方法,Song 等[44]也研究了在日志里基于稀少查询词的推荐去挖掘潜在的反馈信息。Bhatia 等[45]为了从一个既不使用查询词日志,也不利用文档的语料库里抽取一些候选词作为查询词推荐,提出了一个基于概率的算法机制。

　　传统的一些方法主要是依据用户之前搜索过的信息,利用大量过去使用的数据去提供可能的查询词推荐。尽管有很多著作[46-53]使用的是查询日志来给出查询词推荐,但是仍然存在一些困难。目前,虽然有很多研究者在挖掘关联查询词方面进行了大量研究,但大多数都是基于结果文档以及用户查询日志的方法。而对于 Web 上涌现出来的新鲜内容很难理想地给出合理的关联查询词推荐,因为这些新词很少能够在用户查询日志或者结果文档中反映出来。

　　本书主要介绍近几年在 Web 大数据分析及推荐方面的一些研究成果,包括微博大数据分析与推荐方法、Web 大数据多层级推荐方法、融合评分矩阵和评论文本的推荐方法、基于社团聚类的推荐方法、基于用户行为的混合推荐方法、融合隐性特征的群组用户推荐方法,以及分布式群组推荐方法。

第 2 章 微博大数据分析与推荐方法

2.1 新浪微话题的媒体特征分析

微博作为一种广泛使用的媒介平台,其多样化的特征满足了人们的信息、人际关系以及一些新需求。用户越来越注重通过一些热门的微话题来传播他们的想法和意见。针对某一个具体话题,到底有多少条微博,有多少用户参与互动,什么话题在某一段时间内很热门,人们关心最多的又是哪一个话题以及每一个话题最活跃的是什么时期等这些问题成为大众关注的热点。本章用真实的数据对这些微博媒体特征进行全面的分析[54-58]。

2.1.1 微博活跃度

2.1.1.1 用户数与微博数

2012 年 3 月底~2012 年 6 月,一共有 43 967 个用户参与到 14 个话题中,微博总数达到了 55 768 条,其中不包括重复的微博数。统计的结果如表 2.1 所示,反映了这些话题的整体分布情况。从表 2.1 可以看出,话题"电信版 iPhone4s 即将开售"的用户涨到 4921 个,微博数大约为 8038 条,但是另一个话题"领导干部专用平板电脑",它的用户数只有 326,微博数也只有 1538 条。由这些数据可以看出人们更多地关注"电信版 iPhone4s 即将开售"这个话题,这个话题在当时的流行度很高。在我们统计数据的这段时间,"柯达申请破产保护"这个话题拥有最多的微博数和用户数,因此可以说这个话题是这 14 个话题中最热门的一个。

2.1.1.2 用户参与度与用户活跃度

为了衡量某个话题在这 14 个话题中用户的参与程度以及测试用户在微话题下的活跃度,决定分别对这 14 个话题的每一个话题进行用户参与度以及用户活跃度测试。其用户参与度以及用户活跃度的定义为

表 2.1　来自新浪微博统计结果

话题	新 iPad 香港开售	身绑 25 部 iPhone 被抓	苹果推出新一代 iPad	苹果 CEO 年薪 24 亿	苹果 App Store	CES2012	HTC 被判侵犯苹果专利
用户数/个	4 893	1 020	5 569	4 111	5 289	3 792	934
微博数/条	6 043	1 242	6 889	5 600	6 760	6 126	1 237
@微博数/条	823	169	1 415	660	1 401	1 313	146
总的微博数/条	6 874	1 419	8 313	6 324	8 175	7 453	1 385
实际微博数/条	6 866	1 411	8 304	6 320	8 161	7 439	1 383
垃圾微博数/条	8	8	9	4	4	14	2
用户参与度	0.111 3	0.023 2	0.126 7	0.093 5	0.120 3	0.086 3	0.021 2
用户活跃度	1.235 0	1.217 7	1.237 0	1.362 2	1.278 1	1.615 5	1.324 4
话题热度	0.124 6	0.025 6	0.142 0	0.115 5	0.139 4	0.126 3	0.025 5
话题活跃度	0.809 7	0.821 3	0.808 4	0.734 1	0.782 4	0.619 0	0.755 1

话题	领导干部专用平板电脑	柯达申请破产保护	华为秀出你节日新生活	电信版 iPhone4S 即将开售	Windows8 预览版发布	iOS5.0.1 完美越狱	Facebook 宣布收购
用户数/个	326	5 648	933	4 921	4 537	1 063	3 971
微博数/条	1 283	7 137	1 116	6 714	6 516	1 645	5 046
@微博数/条	255	1 931	332	1 324	607	282	590
总的微博数/条	1 556	9 084	1 448	8 085	7 125	1 932	5 639
实际微博数/条	1 538	9 068	1 448	8 038	7 123	1 927	5 636
垃圾微博数/条	18	16	0	47	2	5	3
用户参与度	0.007 4	0.128 5	0.021 2	0.111 9	0.103 2	0.024 2	0.090 3
用户活跃度	3.935 6	1.263 6	1.196 1	1.364 4	1.436 2	1.547 5	1.270 7
话题热度	0.026 5	0.147 2	0.023 0	0.138 4	0.134 4	0.033 9	0.104 0
话题活跃度	0.254 1	0.791 4	0.836 0	0.732 9	0.696 3	0.646 2	0.786 9

$$\text{UserP} = \text{UT}/U \tag{2.1}$$

$$\text{UserA} = T/\text{UT} \tag{2.2}$$

式中：UserP 为用户参与度；UT 为某个话题的用户数；U 为用户总数；UserA 为用户活跃度；T 为某话题的微博数量。在计算中并没有将转发的微博数考虑进去，而只是对某话题自身的微博进行研究。从实验结果可以看出，在这 14 个话题中，微话题"柯达申请破产保护"的用户参与度最高，达到0.1285，用户活跃度却为 1.2636。还发现,除极少数的话题外,大部分微话题的用户活跃度相似,其中,微话题"领导干部专用平板电脑"的结果最明显,达到了 3.9356。但是对比发现,其用户参与度最低,只有 0.0074。这说明虽然相对于其他话题,参与的人数较少,但是用户的活跃程度却很高。

2.1.1.3　微话题热度与微话题活跃度

为了探讨某一个话题在这 14 个话题的热度情况,定义了微话题热度这个指标。为了测试某个话题的活跃程度,也定义了微话题活跃度这个指标,其定义为

$$Hot\text{-}degree = T/W \tag{2.3}$$

$$Active\text{-}degree = U/T \tag{2.4}$$

式中:Hot-degree 为话题热度;T 为某个话题的微博数;W 为总的微博数;Active-degree 为话题活跃度;U 为某个话题的用户数。这里也没有将转发的微博数考虑进去,而只是对某话题自身的微博进行研究。由实验结果可以看出,在这 14 个话题中,微话题"柯达申请破产保护"的话题热度最高,达到了 0.1472,这与实际的统计结果正好相符,其总的微博数在这 14 个话题中也是最高的。尽管微话题"华为秀出你节日新生活"的话题热度最低,但是对于其他微话题,其话题活跃度最高,达到了 0.8360。相当于一条微博由 0.8360 个用户所发,可见该话题很受关注。

2.1.2　微话题的演变趋势

一个话题从刚开始到中间直至话题结束,各个时间段到底能吸引多少条微博和多少个用户呢?什么时间是一个话题的高峰时期呢?什么时间是一个话题的低迷时期呢?带着这些问题,讨论一段时间内用户和微博的分布情况。图 2.1~图 2.14 绘制了每一个话题每隔 20 天用户数和微博数的变化情况。

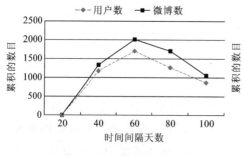

图 2.1　新 iPad 香港开售

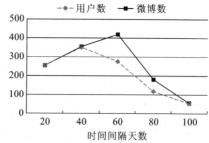

图 2.2　身绑 25 部 iPhone 被抓

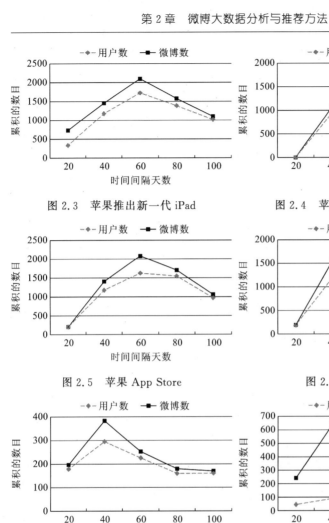

图 2.3　苹果推出新一代 iPad

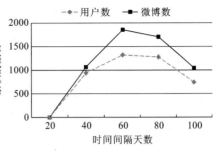

图 2.4　苹果 CEO 年薪 24 亿

图 2.5　苹果 App Store

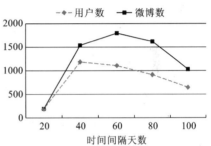

图 2.6　CES2012

图 2.7　HTC 被判侵犯苹果专利

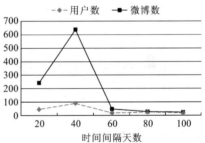

图 2.8　领导干部专用平板电脑

图 2.9　柯达申请破产保护

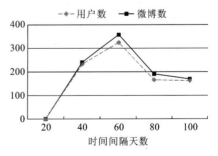

图 2.10　华为秀出你节日新生活

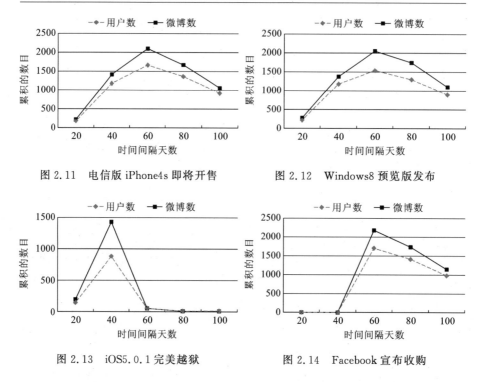

图 2.11　电信版 iPhone4s 即将开售　　　　图 2.12　Windows8 预览版发布

图 2.13　iOS5.0.1 完美越狱　　　　图 2.14　Facebook 宣布收购

　　首先,由图 2.1~图 2.14 的曲线可以看出,在刚开始时,微博数和用户数会随着时间的推移逐渐增长,这就意味着当一个话题刚刚出现时,它会吸引很多人,当这个话题的微博数和用户数达到最大值时,意味着高峰时期的到来,高峰时期过后,用户数和微博数就开始逐渐减少直至话题消亡,没有用户参与到话题中来。通过数据的分布可以发现,一些其他潜在信息,如话题"iOS5.0.1 完美越狱",在开始时,用户数和微博数大幅增加直至高峰点,然后突然急剧下降直到结束。由于这组数据波动太大,可以猜测肯定存在某种原因,事实也证明了这一现象。2012 年 5 月 20 日,著名 iPhone 越狱黑客 Pod2g 在其 Twitter 上宣布,适用于 iPhone4s、iPad3 等设备的 iOS5.1.1 完美越狱已经达成,越狱工具将在几日内发布。毫无疑问,新事物的产生必将取代旧事物。越来越多的人开始关注 iOS5.1.1 版本的到来,与之相对应的则是 iOS5.0.1 的粉丝数开始逐渐减少,直至话题消亡。

　　然而,话题"领导干部专用平板电脑"的曲线图中,用户数的增长趋势并没有像其他话题那样用户数随着微博数在增长。当微博数达到高峰时,用户数却并没有太大的波动。对于这个现象,虽然感到很奇怪,但这也在预料范围之内,因为对于这个话题,它仅仅反映的是活跃用户的情况,微博的用户关注度却并不高,其"用户数/微博数"的参数比值为 0.2541。

2.1.3　基于 LDA 的语义抽取

LDA(latent dirichlet allocation)是一种文档主题生成模型,也可以称为一个三层贝叶斯概率模型,包含词、主题和文档三层结构。文档到主题服从 Dirichlet 分布,主题到词服从多项式分布。与此同时,LDA 也是一种非监督机器学习技术,可以用来识别大规模文档集(document collection)或语料库(corpus)中潜在的主题信息。这里是用 C 语言来实现 LDA 的 EM 算法。运用 LDA-C 代码所做实验的步骤如下。

(1) 将原始的数据转换成所需要的数据格式。在分析数据集(14 个话题,74 662 条微博)的过程中,词的索引和文档的索引矩阵将被创建,这样就极大地方便了将 14 个话题的原始数据转换为 LDA-C 实现所需要的数据格式。最终的数据是一个文件,文件每一行的格式如下:

[M][term_1]:[count][term_2]:[count]...[term_N]:[count]

其中,[M]是指 14 个话题中某一个话题的不同词项数目;[count]是指在这个话题中某个词项出现的次数。需要注意的是[term_1]代表的是一个词项的索引,是整数,而不是一个字符串。

(2) 话题估计和推理。在编译代码之后,通过执行如下命令就可以估计出模型:

lda est[alpha][k][settings][data][random/seeded/ *][directory]

对一组不同的数据执行推理,需要执行以下命令:

lda inf[settings][model][data][name]

在此,需要强调的是变分推理所用的数据是估计模型产生的数据。在变分推理结束之后,会产生一个[name].gamma 的文件,它是每一个话题的变分 Dirichlet 参数,接下来就会生成一个以.beta 结尾的文件,里面显示的是每一个话题的前 N 个词项,这个文件需要打印出来。

(3) 打印话题。在这里使用的是 python 脚本 topics.py 来打印.beta 文件中每一个话题排名前 N 的词项。使用的命令如下:

python topics.py⟨betafile⟩⟨vocabfile⟩⟨nwords⟩

在实验中,通常将 alpha 参数的值设为 1,参数 k 代表的是根据这 14 个话题抽取和估计出来的 k 个最热门的话题。然后,通过采取不同的 k 值,就能看到这 k 个热门话题在 14 个话题下的概率分布情况。最后,选取概率分布大于

1 的话题,并且打印出这些话题中最多前 5 和前 10 的词项(有可能少于 5 个和 10 个)。实验结果如表 2.2 所示。

表 2.2　当 k 取 5,概率大于 1 时,14 个话题中每一个话题的前 5 和前 10 的词项

$k=5$	概率大于 1	前 5	前 10
CES2012	0 1 2 3 4	手机 产品 美国 电信 中国	手机 产品 美国 香港 柯达 电信 公司 软件 发布 中国
Facebook 宣布收购	0 1 2 3 4	手机 产品 美国 电信 中国	手机 产品 美国 香港 柯达 电信 公司 软件 发布 中国
iOS5.0.1 完美越狱	0 1 2 4	手机 产品 美国 电信 中国	手机 产品 美国 香港 柯达 电信 公司 软件 中国 发布
华为秀出你节日新生活	1 2 3 4	电信 中国 手机	电信 手机 公司 软件 柯达 发布 中国
HTC 被判侵犯苹果专利	0 1 2 3 4	手机 产品 美国 电信 中国	手机 产品 美国 香港 柯达 电信 公司 软件 发布 中国
Windows8 预览版发布	0 2 3 4	手机 产品 美国 电信 中国	手机 产品 美国 香港 柯达 电信 软件 中国 发布
柯达申请破产保护	0 1 2 3 4	手机 产品 美国 电信 中国	手机 产品 美国 香港 柯达 电信 公司 软件 发布 中国
电信版 iPhone4S 即将开售	0 1 2 4	手机 产品 美国 电信 中国	手机 产品 美国 香港 柯达 电信 公司 软件 中国 发布
苹果 App Store	0 1 2 3 4	手机 产品 美国 电信 中国	手机 产品 美国 香港 柯达 电信 公司 软件 发布 中国
苹果推出新一代 iPad	0 1 2 3 4	手机 产品 美国 电信 中国	手机 产品 美国 香港 柯达 电信 公司 软件 发布 中国
新 iPad 香港开售	0 1 2 3 4	手机 产品 美国 电信 中国	手机 产品 美国 香港 柯达 电信 公司 软件 发布 中国
苹果 CEO 年薪 24 亿	0 1 3 4	手机 产品 美国 电信 中国	手机 产品 美国 香港 柯达 电信 公司 软件 发布 中国
身绑 25 部 iPhone 被抓	0 1 3 4	手机 产品 美国 电信 中国	手机 产品 美国 香港 柯达 电信 公司 软件 发布 中国
领导干部专用平板电脑	0 3 4	手机 产品 美国 电信 中国	手机 产品 美国 香港 柯达 电信 发布 中国

由表 2.2 可以看到,取出的前 5 或者前 10 的词项不能够反映该话题本身。其中主要的原因是微博的文本较短,对微博做隐含的主题分析效果不太理想。

2.2　基于新鲜方面的 Web 查询词推荐服务

Web 搜索查询词推荐是一种很有效的方法,它能够快速、精确地帮助用户去表达他们所需要的信息。主要的 Web 搜索引擎和大多数被提及的方法都是依赖搜索引擎的查询日志来给出可能的查询推荐。然而对于搜索系统,把一些在查询日志里没有或者历史记录里很少的那一部分查询词推荐给用户将会显得很困难。本节将借助新浪微博这一新型的社交网络媒体,利用其高效快速的信息扩散特征挖掘 Web 新鲜方面的查询词,并将其推荐给用户。

2.2.1　查询词推荐流程

如图 2.15 所示,整个查询词的推荐过程被划分成两个部分:离线处理和在线处理。

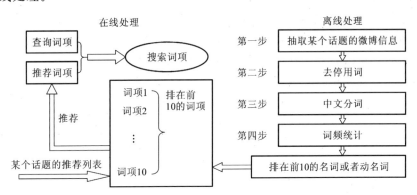

图 2.15　搜索查询词的推荐流程图

首先来看离线处理的模型,它主要有以下四个步骤。第一步,从某一个话题里面抽取微博信息,这里不仅抽取了整个话题的微博信息,还抽取了来自新浪认证用户的微博信息。将这两种数据形式看作两种不同的推荐文本源。第二步、第三步、第四步分别做的是去停用词、中文分词以及词频统计。在完成这四个步骤之后,通过词频统计选取出在这个序列里排前 10 的具有代表性的名词或者动名词。这些具有代表性的名词或者动名词能够很好地反映这个话题的语义。最后将所产生的词项依次放进推荐列表里。

下面给出一个例子来具体介绍在线处理过程。当一个用户有某个信息需求时,他会立刻将这个信息需求转换成一个查询词,然后将这个查询词键入搜索框。但是对于某些信息需求,用户并不确定应该将什么词作为查询词键入搜索框,因为在传统的方法里,被搜索引擎索引的文档对于用户是不可见的。而用户对于那些作为查询词而选的词目通常并不能够带来一个较好的搜索结果。另外,随着目前 Web 上大量新鲜热门话题等的迅速涌现,基于传统历史记录的查询词搜索更加给用户所需要的查询搜索带来不便,不能有效地帮助用户更精确地获知所需要的信息内容。所以,为了帮助用户更好地制订合适的查询搜索词,推荐列表就能够很好地将有用的查询词推荐给用户。只要用户所键入的查询词在推荐列表中,就可以根据列表中的其他词项推荐给用户,方便用户更精确地获知所要的信息内容。

2.2.2　查询词推荐算法

Web 信息检索的有效性大部分取决于用户所键入的查询搜索词是否能够正确合理地描述他们的信息需求。目前,大多数搜索引擎公司为了改善查询词的可用性,提出了查询词推荐,也就是通过猜想用户的搜索意图,给出能够很好反映用户信息需求的查询词推荐。一个较常用的查询词推荐方法就是在搜索日志里检索出相似的查询词,并且将这些词推荐给用户。另一个方法就是通过挖掘在相同的查询会话里相邻或者同时出现的查询词对作为推荐词。尽管在某些方面这些方法也许能够给出很好的推荐,但是基于社交网络下的 Web 新鲜方面的查询词推荐更多地考虑到了 Web 上实时更新的信息,这些信息在查询日志里还来不及更新。这里以微话题下的微博作为原文本数据,在它的基础上给出查询词推荐。

为了更好地描述查询词推荐算法的思路,给出了 Web 新鲜方面的查询词推荐的算法描述,具体如算法 2.1 所示。

算法 2.1　查询词推荐算法

输入:查询词。

输出:查询词推荐列表。

```
1.   class QuerySuggestion{
2.     for each MicroBlog in TopicList{
3.       do
4.         RemoveStopWords();                //去停用词
5.         WordSegmentation();               //中文分词
6.     }
7.     for each topic in TopicList{
8.       do
9.         WordFrequencyStatistic();         //词频统计
10.        return Top10Words();
11.      if SearchWord exists in Top10List
12.         then
13.           return SuggestionWordList;     //查询词推荐列表
14.    }
15.  }
```

2.2.3　数据集的选取与数据评估方法

从新浪微博平台上抽取 2012 年 3 月 25 日～6 月 17 日接近 3 个月的微话题数据,其中来自新浪微博认证用户的微博有 22 724 条,来自所有用户的微博有 63 354 条。这里也统计出每一个微话题不同时间段的微博数。这里已经对所抽取出来的每一个话题的每一条微博进行了去停用词、中文分词以及词频统计的预处理。经过词频统计后,排在前 10 的具有代表性的名词或者动名词就可以选取出来。

对于一个给定的查询词,查询词推荐方法的准确率(precision)定义为推荐的一小部分是有意义的。值得注意的是,对于一个给定的查询词,其一系列详尽的推荐不可得到,所以召回率(recall)就不能计算。但是,对于查询词推荐这个任务,准确率是一个比召回率更重要的度量指标,因为能够提供推荐的数量受到屏幕空间的限制。准确率的定义为

$$\text{precision@}N = \frac{\text{推荐列表中的相关词项}}{N} \tag{2.5}$$

式中:precision@N 指的是当前话题返回的前 N 个结果的准确率。例如,当 N 取 10 时,代表的是从词频统计之后选取出来的具有代表性的 10 个名词或者动名词。推荐列表中的相关词项是通过人工判断这些词是否能够精确地反映出该话题,从而将其选取出来的。这样,就能够计算出每个话题的准确率。

2.2.4　实验结果与分析

2.2.4.1　实验结果

表 2.3~表 2.5 给出了数据统计结果以及每一个话题的准确率值。表 2.6 对出现在表 2.3~表 2.5 中的部分名词作了解释说明。将来自所有用户的微博作为推荐文本源,这是我们的基线。表 2.7 列出了 14 个话题的各项平均值。

表 2.3　每个话题的准确率值

话题	新iPad香港开售	身绑25部iPhone被抓	苹果推出新一代iPad	苹果CEO年薪24亿	苹果App Store	CES 2012	HTC被判侵犯苹果专利	领导干部专用平板电脑	柯达申请破产保护	华为秀出你节日新生活	电信版iPhone4s即将开售	Windows8预览版发布	iOS 5.0.1完美越狱	Facebook宣布收购
Authenticated tweets	2 079	471	2 420	1 831	3 005	1 866	487	443	2 472	340	2 491	2 454	604	1 761
Total tweets	6 043	1 242	6 889	5 600	6 760	6 216	1 237	1 283	7 137	1 116	6 714	6 516	1 645	5 046
Authenticated/Total	0.344	0.379 2	0.351 3	0.327	0.444 5	0.304 6	0.393 7	0.345 3	0.346 4	0.304 7	0.371	0.376 6	0.367 2	0.348 9
A-precision@10	0.4	0.6	0.4	0.5	0.4	0.4	0.5	0.4	0.4	0.4	0.3	0.5	0.6	0.3
A-precision@5	0.3	0.4	0.3	0.2	0.4	0.3	0.4	0.4	0.4	0.3	0.3	0.4	0.6	0.3
T-precision@10	0.5	0.6	0.4	0.4	0.4	0.4	0.5	0.4	0.4	0.4	0.3	0.4	0.6	0.3
T-precision@5	0.3	0.4	0.4	0.4	0.4	0.2	0.5	0.4	0.2	0.2	0.3	0.3	0.5	0.2

表 2.4　不同时间段的微博的准确率值

时间段/T-p@10/T-p@5　　话题	新iPad香港开售	身绑25部iPhone被抓	苹果推出新一代iPad	苹果CEO年薪24亿	苹果App Store	CES 2012	HTC被判侵犯苹果专利	领导干部专用平板电脑	柯达申请破产保护	华为秀出你节日新生活	电信版iPhone4s即将开售	Windows8预览版发布	iOS 5.0.1完美越狱	Facebook宣布收购
3.08~3.23		0.5/0.3	0.3/0.3		0.1/0.1	0.2/0	0.4/0.2	0.4/0.4						0
3.24~4.09	0.4/0.3	0.4/0.2	0.1/0.1		0.4/0.3	0.5/0.4	0.6/0.4	0.4/0.4	0.4/0.3		0.3/0.3	0.4/0.3	0.6/0.5	0
4.10~4.25	0.4/0.3	0.6/0.4	0.2/0.2	0.4/0.3	0.4/0.4	0.5/0.3	0.5/0.4	0.4/0.3	0.3/0.2	0	0.3/0.3	0.5/0.4	0.6/0.5	0.3/0.2
4.26~5.11	0.4/0.3	0.4/0.3	0.4/0.4	0.4/0.3	0.5/0.4	0.5/0.4	0.4/0.4	0.4/0.2	0.3/0.2	0	0.3/0.3	0.5/0.4	0.4/0.2	0.3/0.2
5.12~5.27	0.3/0.2	0.4/0.3	0.1/0.1	0.5/0.4	0.5/0.4	0.4/0.4	0.4/0.4	0.4/0.4	0.3/0.1		0.3/0.3	0.5/0.4		0.3/0.2
5.28~6.13	0.3/0.3	0.4/0.3	0.1/0.3	0.5/0.4	0.5/0.6	0.4/0.4	0.4/0.4	0.4/0.2	0.3/0.1		0.3/0.5	0.4/0.4		0.3/0.2
6.14~6.29	0.4/0.3	0.4/0.3	0.4/0.2	0.5/0.4	0.4/0.4	0.4/0.4	0.5/0.4	0.4/0.2	0.3/0.1		0.3/0.2			0.3/0.2
T-precision@10/T-precision@5	0.5/0.3	0.6/0.3	0.4/0.3	0.5/0.4	0.5/0.4	0.4/0.4	0.5/0.5	0.4/0.4	0.4/0.3	0.4/0.2	0.3/0.3	0.4/0.3	0.6/0.5	0.3/0.2

表 2.5　不同时段的微博数

话题	新iPad香港开售	身绑25部iPhone被抓	苹果推出新一代iPad	苹果CEO年薪24亿	苹果App Store	CES 2012	HTC被判侵犯苹果专利	领导干部专用平板电脑	柯达申请破产保护	华为秀出你节日新生活	电信版iPhone4s即将开售	Windows8预览版发布	iOS 5.0.1完美越狱	Facebook宣布收购
3.24~4.09	482	234	841	0	644	690	239	645	670	0	636	780	780	0
4.10~4.25	1 502	352	1 546	1 513	1 514	1 493	303	1 609	82	397	1 564	1 529	852	609
4.26~5.11	1 364	268	1 504	1 482	1 517	1 381	183	1 424	17	199	1 485	1 467	18	1 567
Sum1	3 290	854	3 891	2 995	3 675	3 564	725	3 678	769	596	3 685	3 776	1 650	2 176
Total tweets	6 874	1 419	8 313	6 324	8 175	7 453	1 385	9 084	1 556	1 448	8 085	7 125	1 932	5 639
Sum1/Total tweets	0.478 6	0.601 8	0.468 1	0.473 5	0.449 5	0.478 2	0.523 5	0.404 9	0.494 2	0.411 6	0.455 8	0.529 9	0.854 0	0.385 8

表 2.6　部分名词解释说明

名词	具体含义
Authenticated tweets	来自新浪认证用户所发的微博数
Total tweets	参与到某一个话题中用户所发的所有微博数
Sum1	来自 3.08~3.23、4.10~4.25、4.26~5.11 这些时期里
Authenticated/Total	某一个话题里,来自认证用户所发的微博数与所有微博数的比值
A-precision@10	来自某个话题认证用户的微博排在前 10 结果的准确率
A-precision@5	来自某个话题认证参与用户的微博排在前 5 结果的准确率
T-precision@10	来自某个话题所有用户的微博排在前 10 结果的准确率
T-precision@5	来自某个话题所有参与用户的微博排在前 5 结果的准确率
T-p@10/T-p@5	分别排在前 10 的和排在前 5 的结果的准确率

表 2.7　各项平均值

名词	平均值
Authenticated/Total	0.357 5
Sum1/Total tweets	0.466 4
A-precision@10	0.435 7
T-precision@10	0.428 6
A-precision@5	0.328 6
T-precision@5	0.321 4

2.2.4.2　查询词推荐结果分析

为了验证那些出现在推荐列表里的推荐词是否有效果,在百度搜索框里键入一些词语。当在百度搜索框里键入"柯达"关键词时,搜索引擎将会把返回的结果显示到页面上,表 2.8 将排在前 10 的搜索结果列了出来。表中给出了结果集里排在前 10 的 URL 地址以及该链接内容的简介。由表 2.8 可以清晰地看到,大部分的网页都是关于柯达的一些基本信息,如柯达官方网站、柯达百度百科等。在这些网页中,只有一条显示的是柯达破产。然后,将柯达这个话题推荐列表里的"破产"和"保护"分别添加到百度搜索框里,所得到的搜索结果集在表 2.9 和表 2.10 中列了出来。从这两个表中可以很明确地看到,在添加了推荐的词语后,几乎 80% 的网页都是有关当前最新话题"柯达申请破产保护"的。实验结果表明我们的方法是有效的,尤其是"破产"这个词,它能够很有代表性地反映出柯达的最新新闻。

表 2.8　键入"柯达"关键词后,排在前 10 的搜索结果

网址	网站内容
http://www.kodak.com.cn	柯达中文官方网站
http://baike.baidu.com/view/60113.htm	柯达百度百科
http://www.baidu.com/s? tn=baidurt&rtt=1&bsst=1&wd=%BF%C2%B4%EF	柯达最新相关信息
http://s.leho.com/kefu? keyword=%BF%C2%B4%F	柯达客服电话
http://zhidao.baidu.com/question/371803669.html	柯达破产
http://gouwu.baidu.com/s? ie=gbk&wd=%BF%C2%B4%EF	柯达产品
http://www.kodak.com/ek/US/en/Home.htm	柯达
http://detail.zol.com.cn/digital_camera_index/subcate15_139_list_1.html	柯达产品
http://www.mvgod.com/theater/ShangHai/KDS	柯达胶卷新闻
http://dcdv.zol.com.cn/manu_139.shtml	柯达产品

表 2.9　键入"柯达破产"关键词后,排在前 10 的搜索结果

网址	网站内容
http://zhidao.baidu.com/question/371803669.html	柯达破产
http://tech.qq.com/zt2012/kodakpochan	柯达申请破产保护
http://tech.sina.com.cn/z/kodakbanrupt	柯达申请破产保护
http://it.sohu.com/s2012/kodakfilesforbankruptcy	柯达申请破产保护
http://wenku.baidu.com/view/2a7d4efaf705cc17552709b4.html	柯达破产分析
http://info.china.alibaba.com/detail/1073730381.html	柯达官方申请破产保护

续表

网址	网站内容
http://www.36kr.com/p/78165.html	柯达破产
http://topic.eastmoney.com/keda	柯达申请破产保护
http://topic.weibo.com/it/19160	柯达申请破产保护
http://finance.youku.com/kodak	柯达破产

表 2.10　键入"柯达保护"关键词后,排在前 10 的搜索结果

网址	网站内容
http://tech.qq.com/zt2012/kodakpochan	柯达申请破产保护
http://tech.sina.com.cn/z/kodakbanrupt	柯达申请破产保护
http://finance.qq.com/zt2011/kodak	柯达申请破产保护
http://it.sohu.com/s2012/kodakfilesforbankruptcy	柯达申请破产保护
http://topic.weibo.com/hot/19166	柯达申请破产保护
http://tech.ifeng.com/it/special/goodbyekodak	柯达申请破产保护
http://finance.sina.com.cn/focus/kodak	柯达申请破产保护
http://bbs.hebnews.cn/thread-1096205-1-1.html	柯达申请破产保护的原因
http://business.sohu.com/s2012/kodak	柯达申请破产保护
http://www.baidu.com/s?tn=baidurt&rtt=1&bsst=1&wd=%BF%C2%B4%EF%20%B1%A3%BB%A4	柯达最新的相关信息

此外,以"iPhone 新闻"这个话题进行举例。这里必须强调的是微博里这个话题主要是关于"身绑 25 部 iPhone 被抓"这个消息,这里只是将话题名称简短化。表 2.11 展示了这个话题的查询词推荐列表。键入"iPhone"关键词后,排在前 10 的搜索结果如表 2.12 所示。同样,采用上述方法,将"入境"这个词语添加到百度搜索框里,结果如表 2.13 所示。通过对比可以发现,在添加了推荐的词语之后,其搜索结果更贴近主题内容。此外,在查询词推荐列表中还有一些其他相关的查询推荐词,如"海关"、"走私"等,也可以将这些词推荐给用户。

表 2.11　"身绑 25 部 iPhone 被抓"的查询词推荐列表

推荐序号	推荐列表
1	海关
2	手机
3	走私
4	香港
5	入境
6	发现
7	深圳
8	旅客
9	苹果
10	产品

表 2.12　键入"iPhone"关键词后，排在前 10 的搜索结果

网址	网站内容
http://store.apple.com/cn/browse/home/shop_iphone?afid=p219％7CBDCN&cid=AOS-CN-KWB	iPhone5 销售
http://iphone.tgbus.com/	iPhone 中文网站
http://gouwu.baidu.com/s?ie=gbk&wd=iphone	iPhone 产品
http://baike.baidu.com/view/710887.htm	iPhone 百度百科
http://detail.zol.com.cn/cell_phone_index/subcate57_544_list_1.html	iPhone 报价
http://tieba.baidu.com/f?kw=iphone&fr=ala0&pstbala=1	iPhone 百度贴吧
http://www.baidu.com/s?tn=baidurt&rtt=1&bsst=1&wd=iphone	iPhone 最新相关信息
http://www.apple.com.cn/iphone	苹果 iPhone5
http://jingyan.baidu.com/z/iphone2012/index.html	iPhone 课程
http://image.baidu.com/i?tn=baiduimage&ct=201326592&lm=-1&cl=2&fr=ala1&word=iphone	iPhone 百度图片

表 2.13　键入"iPhone 入境"关键词后，排在前 10 的搜索结果

网址	网站内容
http://v.youku.com/v_show/id_XMzYwMDg2NjQ0.html	iPhone4s 入境被查
http://tech.163.com/11/1221/12/7LQ105SJ000915BE.html	入境纳税
http://cjmp.cnhan.com/whwb/html/2012-12/09/content_5096376.htm	iPhone 入境被查

续表

网址	网站内容
http://sz. bendibao. com/sou/?key＝％D0％AF％B4％F8％20iPhone％204％20％C8％EB％BE％B3％20&-path＝szbdb	iPhone4 入境被查
http://news. sina. com. cn/s/2011-10-20/144123334913. shtml	iPhone4s 入境被查
http://ios. d. cn/apps/-254535. html	iPhone 入境被查
http://news. cqnews. net/html/2011-12/21/content_11336291. htm	入境纳税
http://www. baoruan. com/iphone/news/show/id/1350/mid/1	iPhone 信息
http://www. why. com. cn/epublish/node4/node33415/node33419/userobject7ai244028. html	iPhone 和 iPad 入境被查
http://finance. qq. com/a/20121015/001677. htm	iPhone5 入境被查

与此同时,可以发现,百度也针对用户输入的查询词,在给出搜索结果的同时,也在页面下方给出了 10 个相关搜索词,如表 2.14 所示。通过观察可以发现,百度推荐的这些相关搜索词与我们的推荐结果不一样,很少能够关联到有关"iPhone"的最新消息。因为百度里面给出的这些相关搜索词都是从大量的历史记录里面挖掘出来的,许多最新的新闻和话题才刚刚涌现,不足以作为相关搜索词推荐给用户,所以为了弥补一些搜索引擎相关推荐的不足,我们的方法正好给出了如何将话题的新鲜方面推荐给用户。

表 2.14　键入"iPhone 入境"关键词后,百度下方给出的相关搜索结果

iPhone5	iPhone4s	iPhone	iPhone4	iPhone6
91 手机助手 iPhone 版	iPhone5 越狱	iPhone 官网	iPhone mini	苹果

2.2.4.3　样本集选取的结果分析

由表 2.3 可以看出,每一个话题里面,对认证用户和来自所有用户的取前 10 或者取前 5 的准确率相差并不是很明显。为了进一步观察,对 14 个话题所有的准确率取平均。令我们出乎意料的是,来自认证用户的准确率值要比来自所有用户的准确率值高。

在实验之前,我们认为,一个话题的所有微博数既包括来自认证用户的微博数,又包括来自普通用户的微博数,相比之下,它拥有更大的推荐文本源以及更丰富的信息内容,因此,它应该有更高的准确率。但是结果与预料的恰好相反。来自认证用户排前 10 的准确率平均值要比来自所有用户的准确率大一些。

　　我们也对不同时间段的微博进行了前 10 和前 5 的准确率计算,通过两者的准确率对比可以发现,准确率较高的大部分处在 3 月 24 日～5 月 11 日,通过话题的演变趋势图也可以对照发现,它们正好处在微博的高峰时期。

　　这究竟反映了什么呢? 这说明在选取推荐文本源时,并不需要把一个话题里面的所有微博都抽取出来。考虑到最后的实验结果,只需要抽取来自认证用户或者高峰时期所发的微博就能够代表所有微博。在做预处理时,计算机环境配置在 32 位操作系统,双核 CPU,3.00GB 的内存下对所有的微博进行预处理,所花费的时间大约是 4 h,而处理来自认证用户的微博则需要 0.5 h 左右。这说明采用来自认证用户的微博作为实验数据推荐文本源,不仅节省了存储空间,而且节省了数据预处理的时间。那么究竟能够节省多少存储空间呢? 从实验的数据结果可以发现,认证微博数占总的微博数的 35.75%,处在高峰时期的微博数大约占总微博数的 46.65%。换句话说,也就是认证微博数大约占总微博数的 1/3,几乎节省了 2/3 的存储空间,来自高峰时期的微博大约占总微博数的 1/2,几乎节省了一半的存储空间。

第 3 章　Web 大数据多层级推荐方法

3.1　单层级相关推荐

本节主要研究面向个体用户的单层级相关推荐方法,通过计算物品的热度,将物品分为低热度物品和常规物品。采用热度排序策略处理低热度物品;采用热度均衡策略平衡热门物品与长尾物品的权重,有效发挥长尾效应的价值。最终在保证推荐准确性的同时提高推荐结果的多样性[59-61]。

3.1.1　相关推荐场景及基础算法分析

尽管电子商务、电影视频、音乐电台等不同领域的推荐系统有各自的特点,但它们也有共同之处。当用户浏览到自身感兴趣的物品或品味过后,大量用户倾向搜索与之相似的物品,以满足兴趣的进一步需求。这类需求定义为相关推荐。相关推荐过程就是一种为用户推荐其感兴趣物品的相关物品的过程。在以亚马逊为代表的各大互联网网站以及它们的应用程序中,相关推荐作为挖掘 Web 大数据的有效手段,得到了广泛的应用。亚马逊网站中的相关推荐场景如图 3.1 所示。

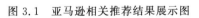

图 3.1　亚马逊相关推荐结果展示图

图 3.1 为亚马逊网站的相关推荐结果展示图。具体为用户浏览书籍《Hadoop 实战(第 2 版)》时,推荐系统产生的相关推荐。相关推荐展示的结果都是与书籍《Hadoop 实战(第 2 版)》相关的大数据方面的书籍。这样,需

要学习大数据的用户在查看《Hadoop 实战（第 2 版）》后，可以便捷地找到其他相关书籍，减少了用户搜索的过程，从而缓解了信息过载。

相关推荐主要通过计算物品间的相似程度找到最相似的若干物品，并在被推荐物品直接关联的地方展示物品给用户。因此，一般的相关推荐算法可以跨领域跨平台使用。

推荐算法大体上可分为协同过滤算法和基于内容的推荐算法。基于内容的推荐算法能够结合物品的相关文本信息、社交关系、上下文信息等内容进行相应的推荐，但其需要推荐平台提供有价值的内容信息。而协同过滤算法由于具有易实现和易扩展的优势[62]，在各行各业的各大站点得到广泛而成功的应用。

协同过滤算法按照是否构建模型分为基于记忆的协同过滤和基于模型的协同过滤两类算法。基于记忆的协同过滤算法会根据用户历史行为记录，建立用户与物品间的二元关系。通常以评分矩阵为载体，根据用户间或物品间的相似度来进行推荐。而基于模型的协同过滤算法通常结合机器学习、数据挖掘等其他数据处理方法，根据用户记录建立场景模型，然后按照最优参数模型的输出进行相应的推荐[63]。尽管基于模型的协同过滤算法整体上比基于记忆的协同过滤算法具有更高的推荐准确性，但其有许多限制因素。基于模型的协同过滤算法不仅需要训练出合适的参数，而且需要更多的用户信息和物品信息用于构建合适的模型。通常在用户和物品量很大的情况下，基于模型的协同过滤算法往往具有很大的时间开销[64]。因此，推荐系统通常以基于记忆的协同过滤算法为基础，根据实际需要使用基于模型的协同过滤算法进行扩展。

基于记忆的协同过滤算法，根据相似度计算方式的不同又细分为 UserCF 和 ItemCF。二者适用于不同的场景。UserCF 主要是计算相似用户并参考相似用户的偏好进行推荐。其核心在于维护和更新反映用户间关系的用户相似度矩阵或列表，适用于以新闻网站为代表的、物品更新速度大于用户更新速度的场景。而 ItemCF 正好相反，其主要是计算物品的相似度并用于推荐。ItemCF 的核心在于维护和更新反映物品间关系的物品相似度矩阵或列表，适用于以电子商务为代表的、用户更新速度大于物品更新速度的场景或相关推荐场景。基础推荐算法的层次划分如图 3.2 所示。

此外，相关推荐本身是以物品为核心，为用户展示其查看物品的相关物品的过程。因此，在 Web 大数据平台中，综合考虑不同基础推荐算法的特点，推荐用户查看物品的相关物品，选择 ItemCF 作为推荐算法设计的基础算法较

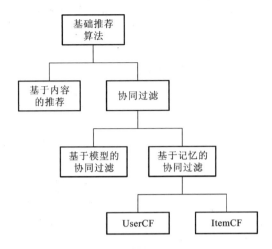

图 3.2　基础推荐算法层次图

为合适。而且在 ItemCF 基础上,可以根据场景需要,扩展为基于模型和基于内容的推荐算法。考虑到应用平台展现给用户的物品有限,相关推荐算法需要在物品相似度排序后,选择最为相似的前 k 个物品进行推荐。

在大部分推荐应用中,推荐系统都是以提高准确性为导向的。因此,推荐结果的准确率成为当今推荐算法最主要的衡量指标之一。然而,仅依据准确率无法全面衡量推荐效果的好坏。研究表明,在推荐系统的准确率达到一定程度时,准确率的提升会导致多样性严重下降,甚至会导致系统推荐给用户的都是千篇一律的热门物品[65]。而且,仅以提高准确率为目标而设计推荐算法会导致推荐平台为用户推荐的物品种类逐渐减少。

在各行各业各类信息花样百出的当今,用户的兴趣千差万别。有的用户偏好热门物品,有的用户偏好非热门物品[66]。非热门物品本身的流行度不高,用户接触方式有限。而多样性较差的推荐算法无法展示这类用户偏好的物品给用户。因此,准确性高、多样性低的推荐算法无法解决 Web 大数据的信息过载,无法满足这类用户的需求,从而导致较差的用户体验。

那么,偏好非热门物品的用户量规模有多大呢? 对于不同领域,本书把购买物品、收听音乐以及观看电影等用户与物品直接关联的行为统称为用户对物品的一次操作。在 Web 大数据平台中,在系统稳定后,用户对物品的操作次数与物品的种类之间的二元关系往往呈现一种近似长尾的分布[67]。尽管单个长尾物品被用户操作的次数不如热门物品,但是长尾整体对推荐平台的贡献是不可忽视的。传统市场中的长尾物品发挥着满足八二原则的长尾效应[68]，即长尾物品占物品总数的 80%，长尾物品所占的市场份额与占比 20% 的热门物品相差无几。而互联网行业的各 Web 应用中，物品类别数远超于传统市场，长尾效应的作用更显得十分重要[69]。

推荐结果的多样性是通过推荐系统展示给用户的不同类别物品数来衡量的。对于音乐推荐系统，许多用户都希望接收更多多元化的音乐推荐。微博流行趋势的下降，在一定程度上也是因为大量作为长尾存在的平民用户得不到关注，而渐渐降低了对微博的喜爱[71]。这种情况下，推荐热门的意义不大，而推荐那些还不是特别受欢迎或关注的用户能够从整体上促进推荐系统的良性循环。由此可见，合理利用长尾效应能够丰富推荐结果，也能够提高系统的多样性[70]。因此，发挥长尾物品的价值与提高推荐系统的多样性呈正相关关系。一个推荐效果好的推荐系统，需要平衡热门物品与长尾物品的关系，加强对长尾物品的推荐来进一步满足用户对长尾的需求。

相关推荐场景下，长尾物品具有更大的价值。在相关推荐算法中，如果热门物品的权重与长尾物品相同，那么对于部分最热门的物品 A，操作这些物品的用户众多，物品流行度高，会导致它们成为许多物品 B 的相关物品。而事实上，物品 A 与物品 B 可能毫无联系。产生这种推荐的主要原因是物品 A 的流行度高，导致其与物品 B 相似度得分高，从而造成不合理推荐。此外，由于长尾物品被用户关注的机会少，在推荐展示少的情况下，可能导致用户接触的物品种类越来越少。由此可见，相关推荐算法十分需要合理调整长尾物品的权重，发挥其价值[72,73]。

3.1.2　基于热度融合的相关推荐

3.1.2.1　基于热度融合的相关推荐框架

运行的推荐系统中通常会不断有新物品进入。而新物品进入系统初期，用户操作信息过少，这些物品缺乏足够的信息通过协同过滤进行有效推荐[74,75]。这类物品导致的冷启动问题，会在一定程度上影响推荐的效果。与新物品一样，系统中长期未被用户操作的冷门物品，同样会因缺少有效的相关信息，导致推荐系统为这些冷门物品生成的相关推荐物品，往往不尽如人意[77-78]。针对相关推荐场景，本书根据物品被操作的次数，计算物品的热度，从而针对性地处理不同热度的物品。新物品和冷门物品的一个共同点是它们的热度都很低，统称为低热度物品。因此，本书提出一种基于热度融合的相关推荐算法。该算法先采用基于热度的物品划分子算法，将物品分别低热度物品和常规物品;然后分别采用不同的、有针对性的数据处理策略来处理低热度物品的相关数据集和常规物品的相关数据集。

基于热度融合的相关推荐算法主要包括 3 个子算法,分别为:基于热度的物品划分算法;针对低热度物品的基于热度排序的相关推荐算法;针对常规物品的基于热度均衡化的相关推荐算法。

在进行物品划分之前,推荐平台需要以物品为基准,收集用户操作数据,并对物品操作的人数进行统计。统计各物品相关人数后计算全部物品操作人数的分布和分位点,按照物品操作人数与分位点的大小关系将物品分为低热度物品和常规物品,并将这些物品相关的操作数据分为与低热度物品相关的低热度数据集以及与常规物品相关的常规数据集。然后分别采用基于热度排序的相关推荐处理低热度数据集;采用基于热度均衡化的相关推荐方法处理常规数据集。基于热度融合的相关推荐算法流程如图 3.3 所示。

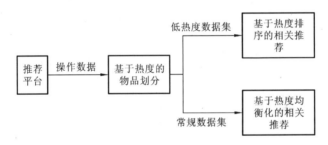

图 3.3　基于热度融合的相关推荐流程图

3.1.2.2　基于热度的物品划分算法

为了解决新物品和冷门物品对协同过滤推荐的负面影响,需要将这些低热度物品分离出来单独处理。因此,这里提出一种基于热度的物品划分算法来分离低热度物品及其相关操作数据。该方法首先根据用户操作数据,统计物品进入系统以来,操作过该物品的总次数。为了避免同一用户多次操作的误导,推荐系统设定一个时间阈值 T,在 T 内用户对同一物品的多次操作计数为一次。在该限定条件下,计算物品的操作总次数,作为热度 F_i。并且,按照一定的时间间隔统计和更新物品整体的热度分布。由于长尾物品与低热度物品界限模糊,在统计 Web 大数据中全部物品热度的分布后,为了保留具有参考价值的长尾物品,选择 $\varepsilon=0.05$ 下分位点 Z_ε 为热度划分的阈值[69]。根据物品的热度与该阈值的大小关系将物品分为低热度物品或常规物品,并为这些物品赋予热度标签。

　　在进行相关推荐之前,根据物品的标签,将不同热度类型物品相关的操作数据分别划分到不同的数据集中。热度低于 Z_ε 的低热度物品的相关操作数据组成低热度数据集 DS_l;热度高于 Z_ε 的常规物品的相关操作数据组成常规数据集 DS_n。然后分别将两个数据集输入基于热度排序的相关推荐和基于热度均衡化的相关推荐流程中,进行相应的推荐处理。基于热度的物品划分算法运用到相关推荐场景的流程如下。

　　(1) 从用户操作日志中记录物品列表 I,统计各物品的热度 F_i;

　　(2) 计算物品热度的分位数 $Z_{0.05}$,作为热度阈值;

　　(3) 比较各物品热度 F_i 与热度阈值 $Z_{0.05}$ 的大小关系,划分物品列表为低热度物品列表 LI 和常规物品列表 NI;

　　(4) 根据低热度物品列表和常规物品列表,将低热度物品相关操作数据分为低热度数据集,将常规物品相关操作数据分为常规数据集。

　　根据上述描述,基于热度的物品划分算法的伪代码如算法 3.1 所示。

算法 3.1 基于热度的物品划分

输入:推荐平台用户日志。

输出:低热度物品列表及低热度数据集、常规物品列表及常规数据集。

```
1. for each item in record j        //从数据记录中读取物品 item
2.    <key,value> = <(pe,item),1>//(pe,item)为用户 pe 与物品 item 组成的元组
3.    I .add(item)                  //将物品 item 加入物品列表 I
4. end for
5. for each item in I
6.    Fitem=sum(item,pe)            //统计 item 相关人数
7. end for
8. Zε=f(I,0.05)                     //求物品热度分布的下 α=0.05 分位点
9. for i=1 to m   // m 为物品列表中物品的总数
10.   if  Fi<Zε  LI.add(item)       //热度小于阈值的物品加入低热度物品列表
11.   else  NI.add(item)            //热度大于等于阈值的物品加入常规物品列表
12. end For
13. Divide(LI,NI)                   //根据两物品列表划分数据集为低热度数据集和常规数据集
```

　　由于处理 Web 大数据的相关推荐算法是迭代进行的,因此,基于热度的物品划分算法用于统计物品热度分布的时间复杂度为 $O(N_1)$,用于更新物品热度分布的时间复杂度为 $O(N_2)$。其中,N_1 为系统执行时期初次统计的用户对物品的总操作数,N_2 为系统运行过程中新产生的用户操作数目。N_2 随着

Web 大数据的更新不断变化。推荐系统可以根据处理 Web 大数据的规模选择合适的更新计算时间间隔和用于更新计算的数据规模。

3.1.2.3　基于热度排序的相关推荐算法

对于低热度物品,由于操作过这类物品的用户有限,即与低热度物品直接相关的用户有限,因此,这些物品与用户之间以及与其他物品之间的关联信息十分匮乏,导致个别用户的操作行为会对相关推荐产生极大的影响。采用传统的协同过滤算法为这些物品推荐相关物品极易放大偶然因素,导致相关推荐列表中实际无关物品的评分较高,产生不合理的推荐结果。此外,有些无人操作或个别用户操作的物品会出现相关推荐物品数目过少甚至无相关物品的情形。

为了解决协同过滤处理低热度物品效果不理想的问题,针对低热度物品的特点,本书提出一种基于热度排序的相关推荐算法来进行更合适的相关推荐。该算法中的热度是指最近若干天(通常取 5~15 天)的平均热度。物品 i 的平均热度 P_i 的计算公式[79]为

$$P_i = \frac{\sum\limits_{j=0}^{d} F_j}{d} \tag{3.1}$$

式中:d 表示选取的天数;F_j 表示过去第 j 天操作过物品 i 的用户操作数。考虑到物品的覆盖量,本书中 d 统一选取为 15 天。通过式(3.1)得到的物品热度,从侧面反映了近期大部分用户偏好的物品。这里结合基于内容的推荐算法,根据物品本身的类别信息对物品进行分组,组内按热度降序排序。然后选择最热的前 k 个物品组成相关推荐列表。这样可以避免只是根据匮乏的信息进行协同过滤生成不合理的相关推荐列表。基于热度排序的相关推荐运用到低热度物品相关推荐的流程如下。

(1) 对于推荐平台中的物品 I_i,统计过去 d 天内各天的相关人数 F_{ij};

(2) 计算物品 I_i 的热度 P_i;

(3) 按照物品本身的类别对物品分组;

(4) 各分组内,按热度进行降序排序;

(5) 对于低热度物品,输出同组平均热度最大的前 k 个物品为其相关推荐列表。

根据上述描述,基于热度排序的相关推荐算法的伪代码如算法 3.2 所示。

算法 3.2　基于热度排序的相关推荐

输入:低热度物品列表、全物品列表、用户操作全数据集。

输出:低热度物品的相关推荐列表。

```
1. for j=1 to d do    //d 为计算平均热度选取的天数
2.   Pi =Pi+Fij        //Fij 为在第 j 天操作物品 Ii 的人次数
3. end for
4. for i=1 to n do    //n 为全部物品列表 I 中物品的数目
5.   Pi=Pi / d        // 计算物品 Ii 过去 d 天的平均热度 Pi
6. end for
7. Group(I)           //按照物品类别对物品进行分组
8. for j=1 to m       //m 为类别数即分组数
9.   quicksort(m)     //按热度进行组内降序排序
10. end for
11. for i in Gi
12.   Ri=top(Gi,k) // Ri 为物品 i 所在分组 Gi 内前 k 个物品为相关推荐物品
13. end for
```

在基于热度的物品划分过程中,已经以天为单位计算了更新数据集中各物品的被操作次数。因此,基于热度排序的相关推荐只用读取历史 d 天的低热度物品的记数记录。可见,基于热度排序的相关推荐算法的时间复杂度为 $O(d|I|)$,其中,d 为读取的历史数据的天数,$|I|$ 为低热度物品总数。相关推荐中,同类的物品本身具有一定的相关性。因此,对于低热度物品,基于热度排序的相关推荐生成的推荐列表会比协同过滤算法生成的推荐列表的相关性更强,具有更好的推荐效果。对于无类别信息的数据集,可以通过粗聚类方法为物品分组,然后执行基于热度排序的相关推荐算法。

3.1.2.4　基于热度均衡化的相关推荐算法

推荐系统的主要目的是帮助用户解决信息过载问题,从而发现自身喜欢的物品。只是以提高准确率为目标的推荐算法,往往无法保证多样性,导致用户接触商品的视野越来越狭窄。这是目前协同过滤算法面临的主要缺陷之一。为了缓解这个问题,本书提出一种基于热度均衡化的相关推荐算法,更好地用长尾物品,在保证准确推荐的同时,提高了多样性和用户体验。基于热度均衡化的相关推荐算法的数据输入来自基于热度的物品划分方法的划分结

果。该划分方法以热度为基准将物品分为三大类。划分后物品的分布如图
3.4 所示。

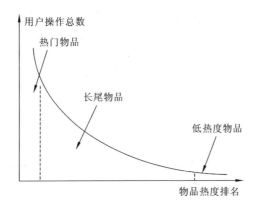

图 3.4　基于热度划分的物品分布图

从图 3.4 中可知,物品分为热门物品、长尾物品和低热度物品。对于一个
稳定的相关推荐平台,三者的占比大致趋向于 20%、75%、5%。本书采用基
于热度排序的相关推荐算法处理低热度物品的相关数据,采用基于热度均衡
化的相关推荐算法处理由长尾物品和热门物品组成的常规数据集,以达到均
衡热门和长尾物品的效果。

对于相关推荐,使用传统 ItemCF 算法生成的物品相关列表,通常存在一
个普遍的不合理现象:最热门的物品被推荐为许多用户查看物品的相关物品,
但热门物品与这些物品可能无关联。以电台推荐为例,受热播电视剧《琅琊
榜》的影响,采用 ItemCF 算法为电台网站进行相关推荐过程中,《琅琊榜》在
某段时间几乎成为全部电台的相关电台。而实际上,用户查看电台产生相关
列表中出现《琅琊榜》,是由该电台是该段时间的最热门电台造成的,它与部分
用户查看的电台毫无关联,不是用户希望看到的相关推荐结果。尽管用户可
能会喜欢被推荐无关的热门物品,但是这样的推荐结果往往会降低长尾物品
的价值,这会严重影响部分用户在相关推荐场景中的用户体验。由此可见,互
联网大数据时代的推荐系统中,长尾物品无论对于提高多样性还是提高准确
性都具有极大的数据价值。

ItemCF 算法应用到相关推荐场景中时,由于热门物品操作人数比长尾物
品多,热门物品被推荐的概率往往大于长尾物品。这就导致大量相似物品推

荐列表中出现相同的热门物品,而长尾物品很难出现在相关推荐列表中。因此,ItemCF 算法在处理 Web 大数据时,无法充分发挥长尾物品的价值。ItemCF 算法的这一弊端,主要是该算法中物品相似度的计算方式未考虑长尾物品与热门物品的差异造成的。在 ItemCF 算法中,计算用户查看的物品 i 与待推荐物品 j 相似度的常用公式为[71]

$$W_{ij} = \frac{|N(i) \bigcap N(j)|}{\sqrt{|N(i) \cdot |N(j)|}} \tag{3.2}$$

式中:$N(i)$ 表示操作物品 i 的用户集合;$|N(i)|$ 表示用户集合 $N(i)$ 中用户操作物品 i 的总数。当物品 j 为热门物品时,其被操作数可能大于物品 i 的被操作数,式(3.2)的分子 $|N(i) \bigcap N(j)|$ 十分接近 $|N(j)|$。对于 Web 大数据,物品操作数 $|N(j)|$ 远超过 $|N(i)|$ 时,就会导致 $|N(i) \bigcap N(j)| \approx |N(j)|$。尽管式(3.2)的分母包含了物品 j 的被操作数,但是热门物品 j 仍然会比长尾物品获得较大的相关相似度。

为了提高长尾物品的权重,发挥长尾物品的价值,本书在基于热度均衡化算法中对相关物品相似度的计算方法进行了改进。为了加大对热门物品的惩罚,将用户查看的物品 i 与待推荐物品 j 的相似度计算公式改为

$$W_{ij} = \frac{|N(i) \bigcap N(j)|}{|N(i)|^{1-\alpha} \cdot |N(j)|^{\alpha}} \tag{3.3}$$

式中:$\alpha \in [0.5, 1]$。通过提高 α 可以进一步惩罚热门物品 j。通过调整参数 α 可以达到热门物品和长尾物品的平衡,从而使推荐系统的性能得以提升。当 $\alpha = 0.5$ 时,该算法会退化成传统的 ItemCF 算法。

根据上述改进,基于热度均衡化的相关推荐算法运用到常规数据推荐的流程如下。

(1) 对于推荐平台中的常规物品 NI_i,生成与各常规物品 NI_i 直接相关的,即操作过物品的用户列表 U_i,统计训练集中各物品的流行度 P_i;

(2) 生成用户评分向量,用户 j 操作的物品列表为 U_j,用户操作次数作为评分;

(3) 根据同一个用户对不同物品的评分创建共生矩阵(键值对形式);

(4) 根据均衡化参数 α 和式(3.3)计算物品相似度;

(5) 对物品的相关物品按相似度得分进行降序排序;

(6) 选择各物品的前 k 个相关物品作为推荐列表。

根据上述描述,基于热度均衡化的相关推荐算法的伪代码如算法 3.3 所示。

算法 3.3　基于热度均衡化的相关推荐

输入:常规物品列表 NI,常规数据集 DS_n。

输出:常规物品相关推荐列表。

```
1. for each record in DSn
2.    <key0,value0> = <ni,u>        //ni 为常规物品的物品 ID,u 为用户 ID
3. end for
4. for  NIi∈NI                      //NI 为常规物品列表
5.    Pi=count(NIi)                 //统计物品 NIi 的流行度
6. end for
7. < key1,value1> = < value0,key0>  //获得以用户为 key 的键值对
8. for  uj∈ U                       //U 为训练集中的用户集合
9.    < key,value_list> = <uj,  Uj> //生成用户评分向量
10. end for
11. for NIi∈NI
12.    <key2,value2> = <NIi,Ii>     //生成共生矩阵,Ii 为物品 NIi 的同现物品
13. end for
14. for  uj ∈U                      //U 为训练集中的用户集合
15.    Sj=Uj * Cor                  //评分矩阵与共生矩阵做内连接,Sj 为物品 j 的相关物品
                                       评分列表
16. end for
17. for  NIi∈ NI
18.    for  NIj∈ NI
19.       Wij=Nij/(pjα* pi1-α)       //Nij 为 Sj 共生物品间的直接相关评分,pi 为流行度
20.    end for
21.    Listi= top(Wij,k)            //生成相关推荐列表
22. end for
```

　　基于热度均衡化的相关推荐算法只是针对常规物品进行相关推荐。因此,其进行相似度计算的时间复杂度为 $O(|I_n|^2)$,其中 $|I_n|$ 为常规物品数目。而基于热度融合的相关推荐算法计算物品相似度的过程包括基于热度排序的相关推荐过程和基于热度均衡化相关推荐的计算过程。因此,基于热度融合的相关推荐用于计算物品相似度的时间复杂度为 $O(d|I|+|I_n|^2)$,其中,d 为历史数据的使用天数,$|I|$ 为低热度物品数目,$|I_n|$ 为常规物品数目。而传统协同过滤算法[72]的时间复杂度为 $O((|I|+|I_n|)^2)$。相比之下,从处理全部物品数据集整体来看,基于热度的相关推荐算法更加高效,而且更适合分别采用不同的数据节点,并行处理低热度数据集和常规数据集。因此,基于热度

的相关推荐算法更适合 Web 大数据的相关推荐。

3.1.3　实验结果与分析

为了分析基于热度融合的相关推荐算法是否有效,本节调整用于均衡热门物品和长尾物品比例的参数 α 的取值,分析长尾物品的权重对推荐结果的影响。在选择合适的参数 α 后,对比基于热度融合的相关推荐算法与传统的 ItemCF 算法在准确率和多样性方面的优劣。

3.1.3.1　实验数据集

本节采用电台应用 2012 年 9 月～11 月数据组成的 Web 大数据。从中选择有声小说、音乐电台、情感生活这三方面的电台数据集 DS_1、DS_2、DS_3 以及包含这三方面数据集组成的全数据集 DS。数据集 DS_1、DS_2、DS_3 所包含数据字段如表 3.1 所示。

表 3.1　数据集字段表

字段	类型	描述
UserID	String	用户 ID
Gender	Int	用户性别,0 表示 F(女),1 表示 M(男)
Age	Int	用户年龄,0～99 或 null
Interest	String	用户最爱电台节目的类别
ItemID	String	节目 ID
Scene	Int	状态编号,用户查看/系统推荐
Class	Int	节目类别
Action	Int	用户行为
Time	Unix 时间戳	时间

在表 3.1 中描述的数据字段为数据集 DS_1、DS_2、DS_3 共有的与相关推荐有关的字段。其中,Class 表示电台节目的二级分类(有声小说、音乐电台、情感生活等表示一级分类);Interest 为用户累计播放次数最多节目所对应的二级分类;Scene 用于区分用户操作的物品是来自用户浏览的还是相关推荐的结果;用户行为发生的时间 Time 包含日期信息和时间信息,可用于按不同时间粒度对数据进行处理;用户行为 Action 包括点击查看节目信息、播放节目、下载节目等。无论用户主动查看节目还是相关推荐展示相关节目给用户,都算作用户对节目的一次曝光行为,只是二者的场景不同,后者为相关推荐场

景。本书主要针对用户的播放行为和曝光行为进行分析。

本书使用的 Web 大数据数据规模大(2 个月的数据,数据集总大小为 10 GB),数据变化快(每天更新数据信息大小为 200~500 MB),数据形式复杂(需要整合 XML 类型日志文件、data 文件以及数据库中的数据文件)而且数据价值大(数据与用户对电台节目的偏好相关),可谓是不折不扣的大数据。

由于 Web 大数据数据规模大,因此通常将数据以天为进行分区,以便对数据进行管理。将数据集 DS₁、DS₂、DS₃、DS 按天分区后,以天为单位统计不同信息的数据量,并计算平均值,统计结果如表 3.2 所示。

表 3.2　电台数据量表

数据集	曝光数/天	播放数/天	物品数/天
DS$_1$	5 144 122	180 477	47 281
DS$_2$	3 970 508	178 299	42 298
DS$_3$	2 307 844	72 887	9 605
DS	11 422 474	431 663	99 184

表 3.2 中的曝光数、播放数和物品数都是每天数据量的均值,物品数为每天有过曝光的不同物品数的均值。根据适用于 Last. fm 和 Movielens 推荐数目分析方法[73],结合本书研究的相关推荐真实需求,选择为用户展现相似度最大的前 5 的物品作为相关物品。本章实验主要通过调整参数 α 和训练天数,比较推荐结果的准确率和覆盖率,从而确定用于均衡热门物品和长尾物品的合适参数 α 和训练天数来为后面的实验提供依据。

3.1.3.2　参数 α 分析实验

通过调整用于均衡热门物品和长尾物品比例的参数 α,对比推荐结果准确率的变化,分析长尾物品的权重对推荐准确率的影响。这里的推荐准确率是指电台用户操作被推荐的相关物品的比例,即通过相关推荐算法生成的相关物品与实际相关物品的一致程度。准确率评价指标 P 的计算公式为

$$P = \frac{\sum\limits_{j \in U} \sum\limits_{i \in I_j} n_{ij}}{k \sum\limits_{j \in U} |I_j|} \tag{3.4}$$

式中:U 为训练集所在时间段内的用户集;I_j 为用户 j 在该时间段所浏览的物品(需进行相关推荐的物品)组成的物品集;$|I_j|$ 为物品集 I_j 中的物品总数;k 为展示的相关物品数,本实验 k 取值 5;n_{ij} 表示物品 i 产生的相关推荐物品中,用户 j 操作的物品数目,即相关推荐准确的物品数,n_{ij} 的取值范围为[0,k]。

对于 3 个不同的数据集,为了提高长尾物品的权重,发挥 Web 大数据中长尾效应的价值,参数 α 的取值需大于 0.5,本实验中 α 的取值范围为 $[0.5,1)$。采用不同参数 α 的基于热度的相关推荐算法,所得的准确率结果如图 3.5~图 3.7 所示。

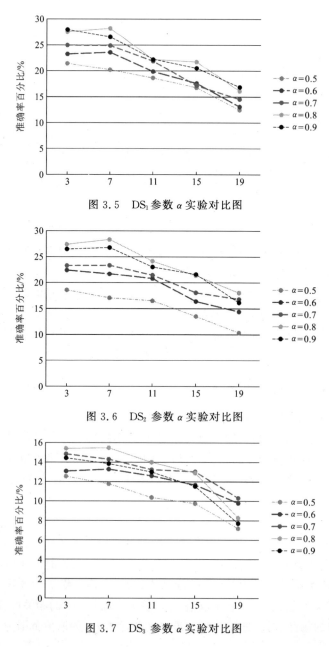

图 3.5　DS$_1$ 参数 α 实验对比图

图 3.6　DS$_2$ 参数 α 实验对比图

图 3.7　DS$_3$ 参数 α 实验对比图

根据图 3.5～图 3.7 中推荐的准确率数据来看,对于 3 个不同的数据集, α 取 0.8 时,整体推荐准确率最高。在该参数条件下,最佳训练时长取 7 天时,推荐准确率最高。实验结果表明,对于相关推荐场景,选择合适的参数 α、提高长尾物品的权重、发挥长尾效应能够提高推荐算法的准确性。

3.1.3.3　准确性对比实验

通过参数 α 分析实验可以发现,对于本书研究的电台数据集,参数 α 取 0.8 时推荐效果最佳。因此,可以将基于热度融合和基于热度均衡的相关推荐算法中的参数 α 取 0.8。采用评价准确率指标 P 来比较不同单层级相关推荐算法选择不同训练集(时间跨度依次增加)时的准确率。实验结果如图 3.8～图 3.10 所示。

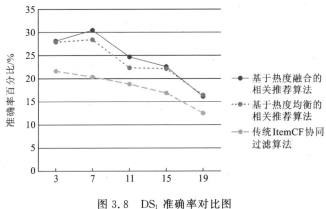

图 3.8　DS₁ 准确率对比图

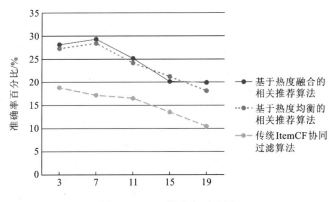

图 3.9　DS₂ 准确率对比图

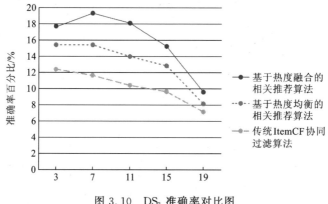

图 3.10　DS₃ 准确率对比图

　　根据图 3.8～图 3.10 中推荐结果的准确率数据来看,对于 3 个不同的数据集,基于热度融合的相关推荐算法的准确率整体上高于基于热度均衡的相关推荐算法,两者都比 ItemCF 算法的准确率高。实验结果表明,基于热度融合和基于热度均衡的相关推荐算法协调了长尾物品和热门物品的关系,有效发挥了长尾效应,提高了推荐准确性。基于热度融合的相关推荐算法采用热度排序策略对低热度物品进行更合理的单独处理,能够进一步提高准确性。

3.1.3.4　多样性对比实验

　　推荐算法的多样性是指推荐结果包含不同物品的程度。多样性可以通过推荐结果的覆盖率来衡量。覆盖率评价指标 C 的计算公式为

$$C=\frac{|\bigcup_{i\in L}I_i|}{|L|} \tag{3.5}$$

式中:L 为训练集所在时间段内物品组成的物品集;$|L|$ 为物品集 L 中不同物品数;I_i 为物品 i 的相关推荐物品组成的物品集,$\bigcup I_i$ 为不同物品集的并集,$|\bigcup I_i|$ 为该并集中的不同物品数。在相关推荐场景中,其推荐结果覆盖率的计算与个性化推荐的不同之处在于,无论用户是否浏览物品 i,相关推荐算法都会计算物品的相关物品。

　　这里采用传统 ItemCF 协同过滤算法、基于热度均衡的相关推荐算法和基于热度融合的相关推荐算法分别处理 3 个不同数据集 DS₁、DS₂、DS₃,进行相关推荐。通过比较不同推荐结果的覆盖率分析对应的相关推荐算法多样性的优劣。这里,基于热度均衡的相关推荐算法和基于热度融合的相关推荐算法都选择最适合推荐平台的参数 $\alpha=0.8$。而且基于热度均衡的相关推荐算

法不区分长尾物品和低热度物品。采用不同的相关推荐算法所得的覆盖率随训练时长的变化如图 3.11～图 3.13 所示。

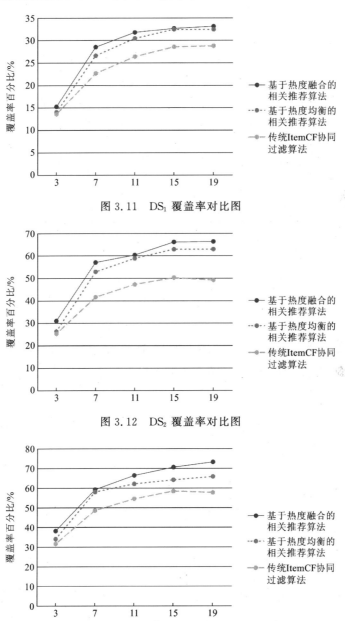

图 3.11　DS$_1$ 覆盖率对比图

图 3.12　DS$_2$ 覆盖率对比图

图 3.13　DS$_3$ 覆盖率对比图

　　根据图 3.11～图 3.13 中推荐结果覆盖率数据,训练时长从 3 天增加到 7 天时,覆盖率平均增长 76.01%,而训练时长从 7 天增加到 11 天时,覆盖率只平均增长 9.92%。对于 3 个不同的数据集,基于热度融合的相关推荐算法的多样性最好;基于热度均衡的相关推荐算法的多样性比它略差,但明显比传统的 ItemCF 协同过滤算法的多样性好。实验结果表明,训练时长选择 7 天,能够让覆盖率达到一个较优的水平。对于基于热度均衡的相关推荐算法,由于提高了长尾物品的权重,避免了热门物品频繁出现在不同物品的相关推荐结果中,从而能够提高相关推荐的多样性;而基于热度融合的相关推荐算法,在基于热度均衡化的基础上引入类别信息,对低热度物品单独进行处理,能够弥补相关推荐结果数不足的情形,从而能够进一步提高多样性。

3.2　多层级相关推荐

　　3.1 节提出的基于热度的相关推荐方法,针对不同热度物品进行不同的处理;并有效发挥长尾优势,提高多样性。但是未考虑 Web 大数据中数据集较为稀疏及数据变化快等特点,因此在计算效率和对新信息的利用上,还有很大的改进空间。本节主要研究适用于稀疏性较大的 Web 大数据的相关推荐,提出一种基于资源传播的相关推荐方法,有效提高推荐的时间效率;并根据新进入系统的用户反馈信息,对推荐列表进行重新排序,从而为用户提供更趋于合理的推荐结果[59,60]。

3.2.1　基于资源传播的相关推荐

　　稀疏性问题是协同过滤算法会普遍遇到的问题。在处理 Web 大数据时,稀疏性问题极易成为限制算法优化的瓶颈所在[74]。特别是对于新建的协同过滤推荐系统或推荐系统对新领域内容进行推荐时,稀疏性问题更为严重。基于热度的相关推荐算法,在协同过滤基础之上,从两个方面进行了改进:一是对不同热度物品分别进行不同处理;二是对热门物品和长尾物品进行了均衡。但是该算法无法解决传统协同过滤算法处理 Web 大数据时面临的稀疏性问题。

　　通过结合用户或物品的内容进行改进是解决稀疏性问题的常用做法[75],但这种方法需要加入额外的信息。在不补充信息的情况下,计算物品间的相似度需要比较全部物品两两组合的共现矩阵。在数据集规模巨大的大数据时代,这种计算需要极大的计算代价。为了更高效地通过用户与物品的关联来分析物品间的相关性,将资源传播方法引入相关推荐中,提出一种基于资源传播的相关推荐算法作为改进算法。该算法首先根据用户对物品的操作行为,建立一个用户与物品相关联的用户-物品二元网络,然后在该网络上按照用户行为数据模拟资源传播。根据资源传播后物品间的资源关系进行相关推荐。然后通过实验分析基于资源传播的相关推荐算法在处理较为稀疏的 Web 大数据时的时间效率是否更高。

本章使用的资源传播有两种方式,一种是基于热度的资源传播(heat based spread,HBS)算法,另一种是基于概率的资源传播(probability based spread,PBS)算法。在 HBS 过程中,物品资源为邻居资源的平均值,热门的物品通常会受到更多的关注;相反,PBS 是一种类似能量守恒的随机游走资源传播方法,经过资源传播重新分配资源后,会将更多的资源传给长尾物品,在一定程度上更适合挖掘长尾物品。

3.2.1.1 基于热度的资源传播

这里将用户、物品及两者之间的关系作为一个二元网络。各用户、物品作为顶点;两者间的关系作为连接对应顶点的边。在进行模拟资源传播前,需要统计用户过去一段时间操作过的物品,称为该用户的关联物品。这些关联物品在以该用户为研究对象进行资源传播时,初始资源量为 1;其他未操作的物品的初始资源量为 0。对于每个用户,资源经边传播的资源量大小为 0~1。HBS 是从资源接收者的角度将物品初始资源重新分配的过程。HBS 中资源的传播过程如图 3.14 所示。

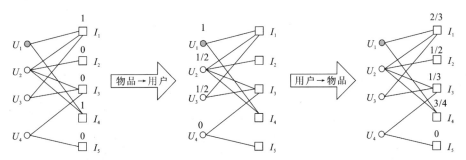

图 3.14 HBS 资源传播过程

图 3.14 中用圆形表示用户,方框表示物品,用阴影圆代表进行分析的目标用户 U_1。对于该目标用户,其关联的物品 I_1、I_2 的初始资源值为 1,未关联

的其他物品 I_3、I_4、I_5 的初始资源值为 0。每个目标用户所涉及的资源会经过物品到用户和用户到物品两轮资源传播,最终按照资源扩散的方式对资源重新分配。HBS 资源传播过程中,资源传播过程实质上是资源接收者(无论用户还是物品)等量地从其关联的资源传播者获取资源的过程。

在 HBS 第一轮资源从物品向用户传播的过程中,无论物品的初始资源是否为 1,各物品将资源传播给其关联的用户,即用户从关联的物品获取资源。图 3.14 中用户 U_1 等量从物品 I_1、I_4 获取资源,用户 U_2 等量从物品 I_1,I_2,I_3,I_4 获取资源,用户 U_3 等量从物品 I_1、I_3 获取资源,用户 U_4 等量从物品 I_3,I_5 获取资源。经过这一轮资源传播后,各用户的资源量为

$$U_1 = \frac{1}{2} \times 1 + \frac{1}{2} \times 1 = 1$$

$$U_2 = \frac{1}{4} \times 1 + \frac{1}{4} \times 0 + \frac{1}{4} \times 0 + \frac{1}{4} \times 1 = \frac{1}{2}$$

$$U_3 = \frac{1}{2} \times 1 + \frac{1}{2} \times 0 = \frac{1}{2}$$

$$U_4 = \frac{1}{2} \times 0 + \frac{1}{2} \times 0 = 0$$

在 HBS 第二轮资源从用户传播给物品的过程中,物品作为资源接收者等量从用户获取资源。图 3.14 中物品 I_1 等量从用户 U_1,U_2,U_3 获取资源,物品 I_2 只从用户 U_2 获取资源,物品 I_3 等量从用户 U_2,U_3,U_4 获取资源,物品 I_4 等量从用户 U_1,U_2 获取资源,物品 I_5 中只从用户 U_4 获取资源。经过这一轮资源传播后,各物品的资源量为

$$I_1 = \frac{1}{3} \times 1 + \frac{1}{3} \times \frac{1}{2} + \frac{1}{3} \times \frac{1}{2} = \frac{2}{3}$$

$$I_2 = 1 \times \frac{1}{2} = \frac{1}{2}$$

$$I_3 = \frac{1}{3} \times \frac{1}{2} + \frac{1}{3} \times \frac{1}{2} + \frac{1}{3} \times 0 = \frac{1}{3}$$

$$I_4 = \frac{1}{2} \times 1 + \frac{1}{2} \times \frac{1}{2} = \frac{3}{4}$$

$$I_5 = 1 \times 0 = 0$$

在 HBS 资源传播过程中,通过用户从物品获取资源,物品再从用户获取资源,资源在物品与物品间发生转移。HBS 中资源从物品 β 转移到物品 α 的转移公式为

$$f_\alpha = W_{\alpha\beta}^H f_\beta \tag{3.6}$$

式中: f_β 为物品 β 的初始资源向量; f_α 为经资源传播后物品 α 的资源向量; W^H 是行标准化的资源转移矩阵,它是一个资源传播的实际执行过程。W^H 的计算公式为[76]

$$W_{\alpha\beta}^H = \frac{1}{k_\alpha} \sum_{j=1}^{u} \frac{a_{\alpha j} a_{\beta j}}{k_j} \tag{3.7}$$

式中: u 表示用户总数;用户 j 关联的物品 α 和 β 的初始资源量分别为 $a_{\alpha j}$ 和 $a_{\beta j}$;物品 α 关联的用户数为 k_α ;用户 j 关联的物品数为 k_j 。

3.2.1.2 基于概率的资源传播

与 HBS 传播方式相反,PBS 是从资源占有者(资源传播者)的角度,将初始物品资源重新分配的过程。与 HBS 中资源接收者等量从其关联的资源传播者接收资源相反,PBS 传播过程的实质是资源占有者等量传播资源给资源接收者的过程。因此,PBS 中的资源传播是等概率的,即物品向不同关联物品传播的资源都是等量的。PBS 中的资源传播过程如图 3.15 所示。

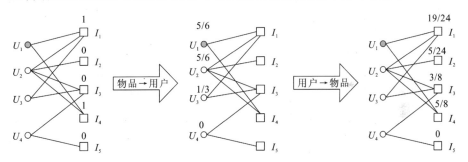

图 3.15 PBS 资源传播过程图

图 3.15 中,同样用圆形表示用户,方框表示物品,用阴影圆代表进行分析的目标用户 U_1 。对于该目标用户,其关联的物品 I_1 、I_4 的初始资源值为 1,未关联的其他物品 I_2 、I_3 、I_5 的初始资源值为 0。与 HBS 相同的是,在 PBS 中目标用户所涉及的资源同样会经过物品到用户和用户到物品两轮资源传播,最终按照资源扩散的方式对资源重新进行分配。只是两者的传播方式不同,导致重新分配的结果不同。

在 PBS 第一轮物品传播资源给用户的过程中,无论物品初始资源是否为 1,各物品将其初始资源等量传播给其关联的用户。图 3.15 中物品 I_1 等量传播资源给用户 U_1 , U_2 , U_3 ,物品 I_2 将全部资源直接传播给用户 U_2 ,物品 I_3 等量传播资源给用户 U_2 , U_3 , U_4 ,物品 I_4 等量传播资源给用户 U_1 , U_2 ,物品 I_5 将

全部资源传播给用户 U_4。经这一轮资源传播后，各用户的资源量为

$$U_1 = \frac{1}{3} \times 1 + \frac{1}{2} \times 1 = \frac{5}{6}$$

$$U_2 = \frac{1}{3} \times 1 + 1 \times 0 + \frac{1}{3} \times 0 + \frac{1}{2} \times 1 = \frac{5}{6}$$

$$U_3 = \frac{1}{3} \times 1 + \frac{1}{3} \times 0 = \frac{1}{3}$$

$$U_4 = \frac{1}{3} \times 0 + 1 \times 0 = 0$$

在 PBS 第二轮用户传播资源给物品的过程中，用户作为资源占有者等量传播资源给关联的物品。图 3.15 中，用户 U_1 等量传播资源给其关联的物品 I_1，I_4，用户 U_2 等量传播资源给其关联的物品 I_1，I_2，I_3，I_4，用户 U_3 等量传播资源给其关联的物品 I_1，I_3，用户 U_4 等量传播资源给其关联的物品 I_3，I_5。经这一轮资源传播后，各物品的资源量为

$$I_1 = \frac{1}{2} \times \frac{5}{6} + \frac{1}{4} \times \frac{5}{6} + \frac{1}{2} \times \frac{1}{3} = \frac{19}{24}$$

$$I_2 = \frac{1}{4} \times \frac{5}{6} = \frac{5}{24}$$

$$I_3 = \frac{1}{4} \times \frac{5}{6} + \frac{1}{2} \times \frac{1}{3} + \frac{1}{2} \times 0 = \frac{3}{8}$$

$$I_4 = \frac{1}{2} \times \frac{5}{6} + \frac{1}{4} \times \frac{5}{6} = \frac{5}{8}$$

$$I_5 = \frac{1}{2} \times 0 = 0$$

PBS 中各物品的初始资源通过物品传播资源给用户，用户再传播资源给物品，资源在物品与物品间发生转移。PBS 中资源从物品 β 转移到物品 α 的公式为

$$g_\alpha = \boldsymbol{W}_{\alpha\beta}^{\mathrm{P}} f_\beta \tag{3.8}$$

式中：f_β 为物品 β 的初始资源向量；g_α 为经 PBS 两轮资源传播后，物品 α 的资源向量；W^{P} 是列标准化的资源转移矩阵，它是 PBS 资源传播的实际执行过程。W^{P} 的计算公式为[76]

$$\boldsymbol{W}_{\alpha\beta}^{\mathrm{P}} = \frac{1}{k_\beta} \sum_{j=1}^{u} \frac{a_{\alpha j} a_{\beta j}}{k_j} \tag{3.9}$$

式中：u 为用户总数；用户 j 关联的物品 α 和 β 的初始资源量分别为 $a_{\alpha j}$ 和 $a_{\beta j}$；物品 β 关联的用户数为 k_β；用户 j 关联的物品数为 k_j。

3.2.1.3　混合资源传播

推荐算法通常都会根据过去的用户行为、用户偏好去预测用户可能感兴趣或尝试寻找的物品。但是推荐算法往往会遇到一个常见问题:最有用的物品推荐往往来自多样化的推荐列表,而最准确的物品推荐往往是流行物品。用户可能更感兴趣的是偏向热门的推荐列表与偏向长尾物品的多样性高的推荐列表,这两者往往是相互矛盾、需要协调的。3.1 节采用基于热度均衡的相关推荐方法,达到控制热门物品与长尾物品较均衡的效果。但是,该方法无法应用在用户-物品资源网络的资源传播中。

HBS 是以资源接收者等量接收资源方式进行资源传播的。HBS 中,热门物品有较多关联的边,接收来源更多,重新分配资源后,通常会占有更多资源。由此可见,将 HBS 用于推荐算法,推荐热门物品的可能性更高。而 PBS 是以资源占有者等量传播资源方式进行资源传播的。PBS 中,热门物品有较多关联的边,传播出去的资源较为分散,重新分配资源后,通常占有的资源会有所下降。因此,在用户-物品二元网络中,采用合适的方式,将 HBS 与 PBS 传播方式混合形成的混合资源传播方法,可以合理调整热门物品与长尾物品的关系[77],从而提高推荐效果。

最常用的混合方式是根据 HBS 和 PBS 这两种传播方式,分别计算相同初始资源重新分配后的得分,然后融合两个得分加权获得一个综合得分 S。物品 a 重新分配后的资源得分 S_a 的计算公式为

$$S_a = \lambda H_a + (1-\lambda)P_a \tag{3.10}$$

式中:$\lambda \in [0,1]$ 为热门物品与长尾物品的权重控制参数;H_a 和 S_a 分别代表采用 HBS 和 PBS 重新分配资源后物品 a 的资源得分。$\lambda < 0.5$ 时,长尾物品权重提高;$\lambda > 0.5$ 时,热门物品权重提高;$\lambda = 0$ 时退化成 PBS 传播方式,$\lambda = 1$ 时退化成 HBS 传播方式。

尽管 HBS 和 PBS 的传播方式不同,但是由于用户-物品网络的双向性,它们是可以相互转换的。HBS 与 PBS 传播方式的转化过程为

$$g = \boldsymbol{W}^{\mathrm{P}} f = (\boldsymbol{W}^{\mathrm{H}})^{\mathrm{T}} f \tag{3.11}$$

可见,HBS 和 PBS 中用于资源重新分配的转换矩阵是可以直接转化的(一次矩阵转置运算)。因此,可以将二者的矩阵变换过程混合,从而实现两种资源分配方式的混合。本章采用的混合资源传播方法就是混合 HBS 和 PBS 而成的一种资源传播方法,传播矩阵的计算公式为

$$W_{\alpha\beta}^{\text{H+P}} = \frac{1}{k_\alpha^\lambda k_\beta^{1-\lambda}} \sum_{j=1}^{u} \frac{a_{\alpha j} a_{\beta j}}{k_j} \qquad (3.12)$$

式中:$\lambda \in [0,1]$同样为热门物品与长尾物品的权重控制参数;u表示数据集中涉及的用户总数;用户j关联的物品α和β的初始资源量分别为$a_{\alpha j}$和$a_{\beta j}$;物品α关联的用户数为k_α;物品β关联的用户数为k_β;用户j关联的物品数为k_j。该混合资源传播可以根据数据集和推荐平台特点选择合适的λ。

3.2.1.4　基于资源传播的相关推荐算法

混合资源传播方法不仅可以调整热门物品和长尾物品的权重分配,而且由于 HBS 和 PBS 可以进行传播矩阵的融合,其传播过程可以结合在一起而避免两种方式的分别传播。在保证融合效果的同时,不会增加时间开销。本章将混合资源传播方法用于相关推荐中,提出一种基于资源传播的相关推荐算法,其应用到相关推荐场景的流程如下。

（1）从用户操作日志中提取用户j的关联物品组成的键值对$<u_j, \text{List}\_u_j>$;

（2）从用户操作日志中提取物品i的关联用户组成的键值对$<I_i, \text{List}\_I_i>$;

（3）计算用户j关联的物品数k_j以及物品i关联的用户数k_i;

（4）针对各用户j,计算各物品i的初始资源a_{ij};

（5）计算物品α向物品β转移的资源量$W_{\alpha\beta}$,资源转移量不为 0 的物品β,组成α的相关列表S_α;

（6）计算物品重新分配后的资源量,将S_α相关物品按资源量大小按降序重新排序;

（7）选择排序后的S_α中 top k 物品作为相关推荐物品展示给用户。

基于资源传播的相关推荐算法是通过用户与物品之间边的关联将物品关联在一起的,从而对初始资源重新分配,并将重新分配后的资源量作为物品相似度的依据。物品间无用户连接时,资源转移量为 0,此时物品不进行相似度的计算。因此在基于资源传播的相关推荐算法中,用于计算物品相似度的时间复杂度为$O(t\,n\,n)$,t为用户-物品二元网络的稀疏度。

3.2.2　基于用户反馈的多层级相关推荐

为了让推荐算法能够根据用户反馈对推荐列表不断完善,本小节提出一种基于用户反馈的多层级相关推荐算法。它是一种将多层级相关推荐架构运用于相关推荐场景的推荐方法。该方法在单层级相关推荐的基础上,加入用户反馈机制,形成多个层级,从而能够根据用户对当前推荐结果的反馈信息,不断更新和完善推荐列表。

3.2.2.1　基于用户反馈的多层级相关推荐算法流程

基于用户反馈的多层级相关推荐算法首先将推荐平台的数据分为历史数据和实时数据;然后在时间点 t,对 t 之前时间 T_0 内的历史数据进行训练,生成初步的物品相似度列表。为了根据用户反馈信息对推荐结果进行调整,系统会在时间点 t 之后,按照一定的时间粒度 T_1($T_1 < T_0$),间断性地统计用户对物品的反馈情况,并结合反馈信息重新计算物品相似度,生成新的推荐结果。根据上述描述,基于用户反馈的多层级相关推荐算法流程如图 3.16 所示。

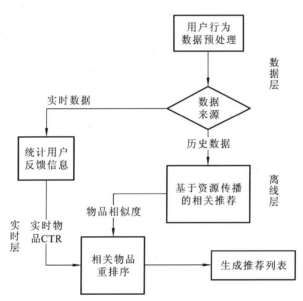

图 3.16　基于用户反馈的多层级相关推荐算法流程

由图 3.16 可知,在基于用户反馈的多层级相关推荐算法中,数据层将数据分为历史数据和实时数据后,离线层采用基于资源传播的相关推荐算法处理历史数据,生成初步的物品相似度列表;而实时层统计当前的用户反馈信息,将计算结果以实时物品点击反馈率(click through rate,CTR)的形式输出,并根据实时物品 CTR 和离线层计算的物品相似度的乘积对物品相似度重排序,结果按降序排列形成新的物品相似度列表,系统根据相似度列表取 top k 生成最新推荐列表。

在每次执行基于用户反馈的多层级相关推荐算法的过程中,离线层计算物品相似度时只执行一次;而实时层统计实时物品 CTR 和重排序相关物品时都是执行多次,每次执行都会生成新的推荐列表。采用基于用户反馈的多层级相关推荐算法的推荐系统展现给用户的是根据最新一次实时物品 CTR 计算生成的相关推荐列表。同一物品在不同时段展现给用户的相关推荐列表可能不同。

3.2.2.2　用户反馈 CTR 计算

相关推荐场景中,用户操作物品的次数往往受到物品曝光程度的影响,曝光次数高的物品被用户操作的可能性更大。这样会导致用户可能不喜欢的高曝光物品被系统误判为用户喜欢的物品。为了避免该现象对推荐系统的影响,我们在相关推荐中引入 CTR 来衡量用户对物品的真实偏好情况。这里的点击行为泛指电子商务推荐中用户购买物品、电台推荐中用户播放音乐、广告推荐中用户点击广告等用户对物品的操作行为。物品曝光指的是用户点击查看物品 A 的相关物品时,推荐系统将物品 B 展示给用户,那么物品 B 发生曝光,其曝光次数加 1。

物品的 CTR 通常用于广告、电子商务等领域的推荐系统,用来预测用户对广告或物品感兴趣的程度。本小节应用于相关推荐场景下,从实时数据中统计的物品 i 的用户反馈 CTR 计算公式为

$$\mathrm{CTR}_i^{t_m,t_n} = \frac{\sum_{t=t_m}^{t_n} P_o}{\sum_{t=t_m}^{t_n} P_e} \times \frac{\sum_{t=t_m}^{t_n} N_o}{\sum_{t=t_m}^{t_n} N_e} \tag{3.13}$$

式中:t_m 表示对应的离线训练时间点;t_n 表示当前实时计算时间点;P_o,P_e 分别表示当前实时计算时间点与上一实时计算时间点物品 i 的累积操作人数和曝光人数;N_o,N_e 分别表示当前实时计算点与上一实时计算时间点间相关推荐场景用户的累积操作次数和曝光次数。因此,式(3.13)计算所得的 CTR 是系统在 t_m 进行离线训练后,$T=t_n$ 时刻物品 i 的实时 CTR。

在采用式(3.13)计算 CTR 的过程中,按照时间粒度统计了各时间段内的曝光次数和操作次数,可以根据系统需要对时间段长度进行延长和再组合,具有较好的扩展性。此外,全场景的操作人数和曝光人数能够反映物品受欢迎的程度;相关场景的操作次数和曝光次数能够反映用户对推荐结果的反馈。这样计算得到的用户反馈 CTR 综合反映了用户对推荐物品的满意程度和偏

好程度。

推荐算法生成的推荐结果往往需要根据用户偏好进行相应调整[78]。物品实时 CTR 值的大小反映了用户对推荐平台中物品的实时偏好以及用户对相关推荐结果的真实反馈情况,可以对推荐结果进行调整。

3.2.2.3　基于用户反馈的多层级相关推荐算法

在推荐系统中,不同时间点用户感兴趣的事物会存在差异,甚至用户整体趋势也可能会发生变化,仅采用历史行为数据训练无法满足 Web 大数据背景下用户的实时需求。因此,结合用户对推荐结果的反馈情况,对当前推荐模型或推荐结果进行合适的调整,能够帮助推荐系统更合理地处理 Web 大数据[79]。此外,由于 Web 大数据往往数据规模大,重新训练生成模型往往耗时较长,多层级结构成为综合使用历史数据和实时数据的一个有力工具[80]。因此,本小节使用历史数据进行离线计算,结合实时反馈数据进行实时调整,在获得更体现用户偏好推荐列表的同时,避免了重新训练模型带来的计算开销。

基于用户反馈的多层级相关推荐算法是一种由数据层、离线层、实时层组成的三层结构的相关推荐算法。在执行该算法之前,推荐系统根据自身需要,确定离线训练的时间点 t_0、离线训练周期 ΔT、实时计算的时间周期 Δt($\Delta t <\Delta T$),以及训练集中数据的时间跨度 T。由于推荐系统处理 Web 大数据训练集耗时较长,因此离线训练计算时间点 t_0 通常在每个 ΔT 时间中,选择用户活跃度较低的时间段内的时间点。例如,ΔT 为 1 天时,由于每天凌晨 3 点～5 点用户的活跃度较低,可以在这段时间内选择离线训练的时间点。每个离线训练周期 ΔT 内,执行基于用户反馈的相关推荐程序的执行过程如图 3.17 所示。

基于用户反馈的相关推荐的数据层会对时间点进行检测,并在对应时间点将离线数据和实时数据分别输入离线层和实时层。离线层在时间点 t_0 接收到数据层输入时间跨度为 T 的历史数据,并采用较合适的单层级相关推荐算法(如基于资源扩散的相关推荐算法)生成初步的物品相似度列表 S_0。实时层会在 $t = t_0 + k\Delta t$(k 为正整数,且 $k\Delta t < \Delta T$)时间点间断性地接收来自数据层的实时数据。在 Δt 时间段内,实时层会计算该实时时间点对应的物品实时 CTR,并结合该 CTR 值对相关物品的相似度进行重排序。最终按重排序后物品的相似度进行降序排序,重新生成更合理的相关推荐列表。

根据上述描述,基于用户反馈的多层级相关推荐算法的伪代码如算法 3.4所示。

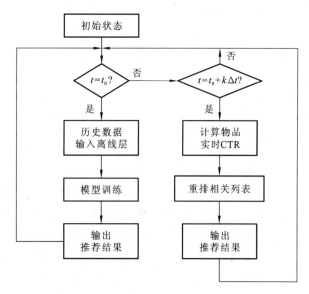

图 3.17　基于用户反馈的多层级相关推荐执行过程图

算法 3.4　基于用户反馈的多层级相关推荐

输入:历史数据集 DS_0,实时数据集 DS_t。

输出:实时物品 CTR,实时推荐列表 Lt。

```
1. S0 = RS(DS0)        //S0 为初步相似度列表,RS 为基于资源扩散的相关推荐
2. for i in DSt
3.   CTRi = Sta(DSt)    //计算物品 i 的实时 CTRi
4. end for
5. for i in S0
6.   Sti = S0i*CTRi     //Sti 为物品 i 与其他物品的实时相似度
7. end for
8. Lt = Top(St)         //Lt 为实时的相关推荐列表
```

　　在基于用户反馈的多层级相关推荐算法中,由于每次计算物品相似度时,用于计算的物品 CTR 是不同的,因此相关推荐场景下的物品相似度是非对称的。物品 j 与 i 的相似度得分计算公式为

$$S_{i,j}^T = S_{i,j} \times CTR_j^T \tag{3.14}$$

式中:CTR_j^T 表示实时计算时间点 T 时物品 j 的实时 CTR;$S_{i,j}$ 表示离线训练计算出的物品 j 与物品 i 当前的初始相似度;$S_{i,j}^T$ 表示物品 j 与物品 i 经用户反馈后的实时相似度。在计算物品 i 的相关物品时,其相关物品 j 的相似度

得分为系统当前的物品 j 与物品 i 的相似度 $S_{i,j}$ 和物品 j 的实时 CTR_j 的乘积。而计算物品 j 的相关物品 i 时,所乘的实时 CTR 为物品 i 的实时 CTR_i。因此,物品对 i 与 j 的物品间相似度 $S'_{i,j}$ 与 $S'_{j,i}$ 在 t 时间点不一定相同。

　　根据多层级结构的需要,离线层的离线训练只进行一次,而实时层的实时 CTR 计算、物品相似度计算和生成相关推荐结果,都会按照实时层计算的时间间隔多次计算。这样,基于用户反馈的多层级相关推荐算法在保证单层级推荐较合理的推荐结果的前提下,根据用户实时偏好和对推荐结果的反馈对相关推荐结果进行实时调整。

3.2.3　实验结果与分析

　　为了分析基于用户反馈的多层级相关推荐算法的性能,首先使用该算法分别处理初始数据集 DS_1、DS_2、DS_3,记录其在进行物品相似度计算时所用的时间,并与其他算法进行比较;然后针对 Web 大数据相关推荐这一场景,结合用户浏览查看和操作等不同行为,通过用户对推荐结果的整体反馈情况分析不同算法的优劣。

3.2.3.1　相似度计算时间对比实验

　　推荐平台的相关推荐是一个由读取 Web 大数据、ETL 转换数据、模型训练、展示推荐结果组成的复杂过程。Web 大数据中的数据规模大,各环节都需要消耗一定的时间。但相关推荐算法在时间性能方面的优劣主要体现在其进行物品相似计算的时间消耗上。因此可以通过对比不同相关推荐算法完成物品相似度计算的时间消耗来比较各算法的时间性能。算法运行的平台由 1 个主节点、8 个数据节点组成 Spark 分布式集群,平台配置如表 3.3 所示。

表 3.3　平台配置信息表

名称	CPU	内存	硬盘	计算框架
Master/Namenode	i7-4790/3.60 GHz	8 GB	300 GB	Hadoop2.6.0/ Spark1.5.1
Worker/Datanode	i5-2310/2.90 GHz	8 GB	500 GB	Hadoop2.6.0/ Spark1.5.1

　　Spark 集群运行相关推荐算法,使用 7 天的历史数据作为训练集。基于热度的相关推荐中参数 $\alpha=0.8$,基于资源传播的相关推荐算法中参数 $\lambda=0.8$。

　　ItemCF 算法、基于热度的相关推荐算法、基于资源传播的相关推荐算法以及基于用户反馈的相关推荐算法在处理不同数据集的过程中,物品相似度计算时间如表 3.4 所示。

表 3.4　相似度计算时间表

数据集	ItemCF 算法	基于热度的 相关推荐算法	基于资源传播的 相关推荐算法	基于用户反馈的 相关推荐算法	
DS_1	1 h 42 min	1 h 27 min	55 min	55 min	350 s
DS_2	1 h 47 min	1 h 19 min	51 min	51 min	327 s
DS_3	1 h 15 min	1 h 03 min	41 min	41 min	239 s

表 3.4 中的相似度计算时间为从 DS_1、DS_2、DS_3 中抽取的多个训练时长为 7 天的不同训练子集进行相关推荐,在计算物品相似度过程中所用时间的平均值。其中,基于用户反馈的相关推荐算法用于计算物品相似度时包含两个过程,一个是离线计算过程,另一个是实时重排序过程;其离线计算过程的时间消耗同基于资源传播的相关推荐算法,实时重排序过程的时间消耗较小。实验结果表明,基于资源传播的相关推荐算法和基于用户反馈的相关推荐算法在时间性能上要比以协同过滤计算方式为基础的 ItemCF 算法和基于热度的相关推荐算法好。

3.2.3.2　点击反馈对比实验

在大数据时代的推荐平台中,由于用户行为往往是复杂多样的,同一用户在一定时间段(训练集时长范围内)可以多次操作相关推荐结果中的物品,也可能多次浏览相关物品而不进行操作。由此可见,用户操作次数和物品的曝光次数(相关物品展示次数)都反映了用户对推荐结果的满意程度。因此,可以通过统计全体用户对推荐结果的不同行为,作为用户对相关推荐算法的反馈信息来计算用户对推荐结果不同满意的程度。将用户对训练集时间长度内,全部相关推荐物品的点击反馈率作为评价指标来衡量用户对推荐结果的满意程度。这里,用户评价物品 i 的点击反馈率 P_i 的计算公式为

$$P_i = \frac{\sum_{j \in U} n_j}{\sum_{j \in U} e_j} \tag{3.15}$$

式中:U 表示训练集所在时间段内,接收相关推荐的用户集;e_j 表示对于用户 j,物品 i 的曝光次数,即物品 i 作为相关推荐物品展示给用户的次数;n_j 表示用户 j 操作物品 i 的次数,本实验为用户播放电台节目 i 的次数。

相关推荐算法的点击反馈率需要综合分析推荐系统中各相关推荐物品的点击反馈率 P_i。用于评价相关推荐算法的点击反馈率 P_C 的计算公式为

$$P_C = \frac{\sum\limits_{i \in I} P_i}{|I|} \tag{3.16}$$

式中：I 为有过曝光数据的全部物品组成的物品集，$|I|$ 为物品数。

采用 ItemCF 算法、基于热度的相关推荐算法、基于资源传播的相关推荐算法、基于用户反馈的多层级相关推荐算法以及按二级分类随机推荐，处理不同数据集，所得的点击反馈率 P_C 的实验结果如图 3.18～图 3.20 所示。

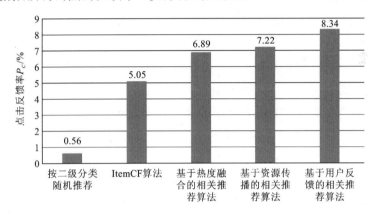

图 3.18　DS₁ 点击反馈率对比图

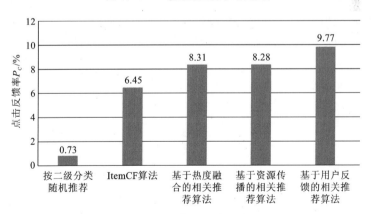

图 3.19　DS₂ 点击反馈率对比图

由以上实验结果数据来看，采用相关推荐算法推荐出的相关物品要比随机推荐有较高的点击反馈率。几种不同相关推荐算法中，基于用户反馈的相关推荐算法的点击反馈率最高。和准确率评价指标相比，点击反馈率计算结

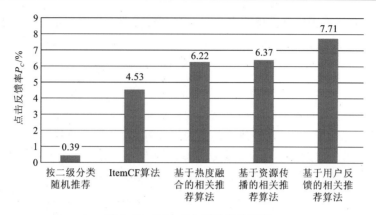

图 3.20 DS₃ 点击反馈率对比图

果平均要比相同算法对应的准确率低。

实验结果表明,采用相关推荐算法为用户进行信息过滤是必要且有意义的。基于用户反馈的相关推荐算法结合用户反馈对相关物品列表进行重排序,从而能够根据用户整体偏好对推荐结果进行调整,得到用户整体更加满意的推荐结果。

3.2.3.3 准确性对比实验

由于准确性是推荐系统最常用的指标之一,因此需要比较本章提出的基于资源传播的相关推荐算法和基于用户反馈的相关推荐算法的准确性是否会下降。这里的参数 α 和训练集的选择按照第 2 章的方法,选取 $\alpha=0.8$,训练集时间长度为 7 天,准确率评价指标同样为式(3.4)的评价指标 P。各相关推荐算法所得的准确率 P 实验结果如图 3.21~图 3.23 所示。

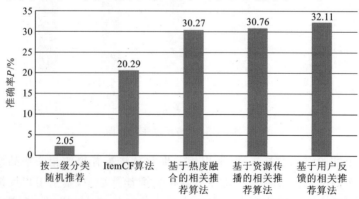

图 3.21 DS₁ 准确率对比图

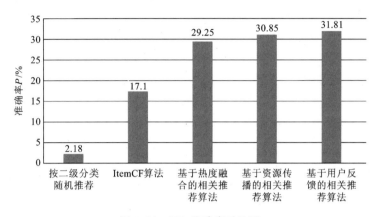

图 3.22　DS$_2$ 准确率对比图

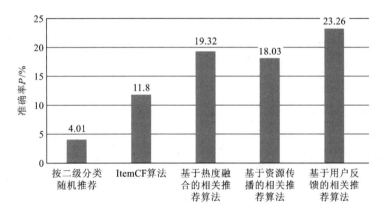

图 3.23　DS$_3$ 准确率对比图

　　实验结果表明,基于用户反馈的相关推荐算法在提高点击反馈率的同时能够保证准确性不下降。该算法比传统的相关推荐算法具有更好的推荐效果。

第4章 融合评分矩阵和评论文本的推荐方法

4.1 基于评分数据的矩阵分解模型

4.1.1 传统的评分矩阵分解模型

顾名思义,矩阵分解是将一个用户的评分行为矩阵分解成两个子矩阵相乘。然而,已经知道用户不可能将所有物品都给予评分,甚至是只能给小部分商品评分,因此需要通过矩阵分解的方式重新填补这些缺失值。传统的矩阵分解模型一般是从 SVD 模型开始的。后来扩展为隐因子模型 LFM(latent factor models)中的 SVD++模型,以及其他的矩阵分解模型 NMF(Nomegative Matrix Factorization)、概率性矩阵分解(probabilistic matrix factorization,PMF)等。

4.1.1.1 奇异值分解概念

假定 I 个用户和 J 个物品构成用户 i ($i \in I$)对物品 j ($j \in J$)的评分矩阵 R_{ij},该评分矩阵中大部分为空值,暂且称为"缺失值",只有少部分的评分数据。针对这些缺失值,先做简单填充,如采用该用户的所有物品的评分取平均值,或该物品的全部评分平均值,得到一个补全的矩阵 R'。现将矩阵 R' 分解成如下形式:

$$R' = U^{\mathrm{T}} S V \tag{4.1}$$

式中:U、V 为正交矩阵;R' 的奇异值是由 S 对角阵中的值定义的。于是可以通过选取 TopK 的奇异值来降低 S_k、U_k^{T},V_k 的维度,得到降低维度的 R'_k 作为预测评分矩阵:

$$R'_k = U_k^{\mathrm{T}} S_k V_k \tag{4.2}$$

4.1.1.2 SVD 模型

SVD 能够实现对未知物品的预测评分,然而在推荐系统中评分矩阵非常稀疏,传统的 SVD 方法中需要首先将评分矩阵补全,再使用补全得到的稠密矩阵完成分解。这不仅在存储上带来了很大的限制,在计算复杂度上也有显著的升高。

2006 年 Netflix 竞赛后,Funk 在他的博客上提出了一种矩阵分解的先进算法称为 Funk-SVD,后来被 Netflix 竞赛的冠军 Koren 改进为 LFM,该方法通过现有的评分数据,实现矩阵分解模型的构建。

现假定每一个用户 i 都关联到一个向量 p_i,表示用户 i 在每一个潜在因子上的作用评分,这样可以得到一个用户和潜在因子构建的矩阵,记作 P,同样,每一件物品 j 都关联着一个向量 q_j,构成一个矩阵 Q,那么得到预测矩阵为 P^{T} 和 Q 的内积:

$$\widetilde{r} = P^{\mathrm{T}} \cdot Q \tag{4.3}$$

式中:P 和 Q 为上述所描述的通过降维策略得到的矩阵,取得潜在因子 K 数量的矩阵,即将式(4.3)进一步描述为

$$\widetilde{r}_{i,j} = \sum_{k=1}^{K} p_{i,k} q_{j,k} \tag{4.4}$$

Funk 通过利用最小化训练集的误差来训练出最优 P、Q 矩阵,可以认为,能够使训练集的误差最小,也能使测试集的训练集最小。则可得到如下目标函数:

$$\min \sum_{(i,j) \in \mathrm{TrainSet}} (r_{i,j} - \widetilde{r}_{i,j})^2 \tag{4.5}$$

为了防止式(4.5)过拟合,加入了正则项约束,于是在式(4.5)的基础上得到目标函数:

$$\min \sum_{(i,j) \in \mathrm{TrainSet}} (r_{ij} - \widetilde{r}_{ij})^2 + \lambda(\| p_i \|^2 + \| q_j \|^2) \tag{4.6}$$

使用随机梯度下降法(SGD)来求解式(4.6),SGD 是优化理论中一种求解全局或局部最优解的方法,其通过找到最速下降方向,迭代至最优参数。SGD 的伪代码参见算法 4.1。

算法 4.1　SGD 计算

输入:用户 user 对商品 item 的评分集合 records,潜在因子数 K,迭代次数 N,学习速率 alpha,正则权重 lambda。

输出:最优或局部最优分解矩阵 P、Q。

```
1. P,Q=initial(F);            //初始化
2. for step in N:            //迭代 N 次
3.   for u,i,r in records:
4.     pr=predict(u,i,P,Q); //预测评分
5.     for k in F:
6.       P[u][k]+=alpha*(Q[i][k]*(r-pr)-lambda*P[u][k]);
7.       Q[i][k]+=alpha*(P[u][k]*(r-pr)-lambda*Q[i][k]);
8. alpha*=0.95;              //迭代次数逐渐增加,学习速率逐渐降低,减少振荡
9. return P,Q
```

4.1.1.3　加入偏置的 SVD 模型

然而,在实际的评分情况中发现一些固有的特性是和用户或物品没有直接关系的。例如,某些商户的商品由于装饰、布局等因素,用户的评分往往是高分;相反,该商户的商品通常是低分。另外,用户自身也存在差异,一些用户习惯给高分,另一些用户习惯给低分。同理,在物品上,有些物品的质量较高,样式较好,通常都是高分,而另一些则通常是低分。

因此,为了能够体现这些特性,在模型中考虑添加了偏置项 μ、b_i、b_j,于是,得到优化模型为

$$\min \sum_{(i,j) \in \text{TrainSet}} \left(r_{ij} - \mu - b_i - b_j - \sum_{k=1}^{K} p_{i,k} p_{j,k} \right)^2 + \lambda(\| p_i \|^2 + \| q_j \|^2)$$

(4.7)

式中:μ 为所有评分记录的全局平均值,作为整体模型的偏置;b_i 和 b_j 作为用户偏置和商品偏置来表示与物品和用户没有联系的偏置;p_i、q_j 分别表示潜在因子向量。

模型使用 SGD 求解,该方法能够迭代至全局或局部最优解,该算法的实现参见算法 4.1。

4.1.2　邻域影响的矩阵分解模型

在本书研究关于评分数据的调研中,已经提到关于邻域的协同过滤方法和基于模型的协同过滤方法,SVD 是基于模型的协同方法之一,那么在基于模型的系统过滤方法中是否可以同时考虑基于邻域的方法呢? 确实是可以的,在 SVD 模型中添加基于物品邻域的方法得到 SVD++模型。

在本章中,基于邻域的协同过滤方法预测公式为

$$\tilde{r}_{i\,j} = \frac{1}{\sqrt{|N(i)|}} \sum_{h \in N(i)} w_{j,h} \qquad (4.8)$$

式中:$|N(i)|$ 为该用户 i 评分过商品的总数。w 不再看成物品的相似度矩阵,而可以看成是一个由未知参数矩阵 X 和 Y 的乘积,得到如下模型:

$$\tilde{r}_{ij} = \frac{1}{\sqrt{|N(i)|}} \sum_{h \in N(i)} x_j^{\mathrm{T}} y_h = \frac{1}{\sqrt{|N(i)|}} x_j^{\mathrm{T}} \sum_{h \in N(i)} y_h \qquad (4.9)$$

式中:x_j^{T} 和 y_h 分别为 X 和 Y 矩阵中两个 K 维向量中的值。那么可以将式(4.9)考虑进 SVD 模型中,可以令 X 矩阵即为 Q,得到基于邻域内容的 SVD++模型为

$$\tilde{r}_{i,j} = \mu + b_i + b_j + \sum_{i=1}^{I} \sum_{j=1}^{J} \left(p_i + |N(i)|^{-\frac{1}{2}} \sum_{h \in N(i)} y_h \right) \cdot q_j \qquad (4.10)$$

式中:$p_i + |N(i)|^{-\frac{1}{2}} \sum_{h \in N(i)} y_h$ 替换了 p_i,$|N(i)|$ 表示用户 i 给过评分的物品集合总数,y_h 为潜在因子 K 维的向量。在该模型中加入了历史用户评分物品的邻域影响,并通过基于邻域的方法构建此模型。

得到了预测评分函数后,便可以将其代入式(4.6)的损失函数,来拟合求解最优参数值,同样可以采取 SGD 来求解。

4.1.3　传统模型实验结果分析

4.1.3.1　常用的模型评估方法

在推荐算法中,有几个评估方法通常用于评估推荐模型的好坏,其中比较流行的有均方根误差(root mean square error,RMSE)、均方误差(mean square error,MSE)、平均绝对值误差(mean absolute error,MAE)以及准确率和召回率。

RMSE 定义如下:

$$\mathrm{RMSE} = \sqrt{\frac{\sum\limits_{u,i \in \mathrm{TestSet}} (r_{u,i} - \tilde{r}_{u,i})^2}{|\mathrm{TestSet}|}} \qquad (4.11)$$

式中:u、i 分别为用户和物品;TestSet 为用于评估模型的测试集,本节中,训练集和测试集的比例是 4:1,详细见后续小节;$r_{u,i}$ 为初始评分(1~5),$\tilde{r}_{u,i}$ 表示模型的预测评分(1.0~5.0)。RMSE 评估指标越低,模型的效果越好。

MSE 为 RMSE 的平方,即

$$MSE = \frac{\sum\limits_{u,i \in \text{TestSet}} (r_{u,i} - \tilde{r}_{u,i})^2}{|\text{TestSet}|} \qquad (4.12)$$

MAE 的定义为

$$MAE = \frac{\sum\limits_{u,i \in \text{TestSet}} |r_{u,i} - \tilde{r}_{u,i}|}{|\text{TestSet}|} \qquad (4.13)$$

式(4.12)和式(4.13)中的 u 和 i 以及 TestSet 等变量的意义同式(4.11)。为了能够同后续算法在同一评估方法下进行对比,本节采用 MSE 作为算法间评估的主要参数,同 RMSE 一样,MSE 评估指标越低,模型的效果越好。MSE 的伪代码参见算法 4.2。

算法 4.2　MSE 计算

输入:用户 user 对商品 item 的评分集合 records。
输出:预测评分与真实评分间的均方误差评估值 MSE。

```
1. for u,i,r in records:              //用户 u 对商品 i 的评分 r
2.    sum+=Math.pow((pr-r),2);        //预测评分 pr 与真实评分 r 差值的平方和
3. end for;
4. mse=sum/float(len(records));       //评分和除以评分集合大小
5. return mse;
```

4.1.3.2　实验结果分析

本节将实现基于评分数据的矩阵分解模型。由于设备的限制,本节对少许数量的大于 1 GB 的子集进行随机抽取,减小至约 500 MB。为了能够反映不同潜在因子对模型评估结果的影响,实现了在潜在因子(factors)的数量为 3、5、10、15、20、30、55、60、75、100、120、200、300 时的算法,用于比较该模型在不同潜在因子下的实验评估结果。训练集抽取 20% 作为测试集,本节中采用 RMSE 与 MSE 在数据子集上的 20 次实验平均值作为评估结果,最后分析基于评分的矩阵分解模型的特点。

1) SVD 模型实验结果与分析

经过实验得到不带偏置的 SVD 模型的评估结果如表 4.1 所示。不同潜在因子数量下的结果影响如图 4.1 和图 4.2 所示。

表 4.1　SVD 模型在不同潜在因子下的评估表

实验代号	潜在因子	MSE 平均值	RMSE 平均值
1	3	1.596 093	1.246 620
2	5	1.588 540	1.243 086
3	10	1.579 690	1.239 161
4	15	1.574 806	1.237 037
5	20	1.569 579	1.234 802
6	30	1.567 476	1.233 962
7	55	1.566 039	1.233 393
8	60	1.565 689	1.233 258
9	75	1.565 519	1.233 466
10	100	1.565 750	1.233 616
11	120	1.569 697	1.235 577
12	200	1.571 165	1.236 392
13	300	1.571 829	1.236 727

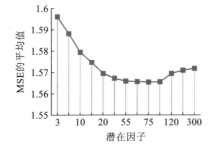 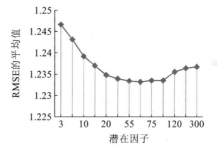

图 4.1　SVD 算法不同潜在因子 MSE 的平均值　　图 4.2　SVD 算法不同潜在因子 RMSE 的平均值

　　通过表 4.1、图 4.1 和图 4.2 可知在不同潜在因子数下进行评估的结果。图 4.1 和图 4.2 直观地显示出,随着潜在因子数的不断增大,效果逐渐提升,并趋于稳定状态。在此过程中,能够找到全局或局部最优的潜在因子数。同时,从表 4.1 中可以观察到不同潜在因子下的精度差异为 0.01。

　　2) SVD++ 模型实验结果与分析

　　针对加入邻域影响的矩阵分解模型,本节对 28 组数据集进行了实验,并分别计算评估平均值(AVERAGE-RMSE、AVERAGE-MSE),评估结果中以小数点后 6 位进行比较。详细的值可以参见表 4.2。同样,不同潜在因子数下的评估结果如图 4.3 和图 4.4 所示。

表 4.2　SVD＋＋在不同潜在因子下的评估表

实验代号	潜在因子	MSE 平均值	RMSE 平均值
1	3	1.540 956	1.228 045
2	5	1.541 298	1.228 249
3	10	1.540 277	1.227 805
4	15	1.541 036	1.228 101
5	20	1.541 177	1.228 133
6	30	1.540 584	1.227 957
7	55	1.540 765	1.228 011
8	60	1.541 838	1.228 474
9	75	1.541 497	1.228 300
10	100	1.541 410	1.228 231
11	120	1.541 070	1.228 124
12	200	1.542 138	1.228 560
13	300	1.542 879	1.228 840

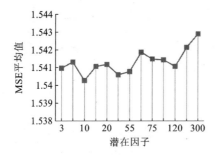 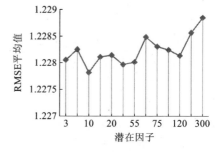

图 4.3　SVD＋＋的不同潜在因
　　　子 MSE 的平均值

图 4.4　SVD＋＋的不同潜在因
　　　子 RMSE 的平均值

　　从图 4.3 和图 4.4 中可以直观地发现,选取 13 个潜在因子时的评估值构成的曲线呈现一定的振荡,其中可能的原因是随机抽取一定数量的测试样本,以及仅取 20 次实验的平均值所带来的误差。但从整体上来看,在一些潜在因子下,能够找到局部最优解或全局最优解。由实验结果来看,SVD＋＋模型的评估效果优于不加偏置的 SVD 模型。

　　3) 传统评分矩阵分解模型分析

　　前面已经描述了传统的基于评分的推荐算法原理,并在本节应用在了真

实数据集上,使用 MSE、RMSE 进行评估,同时对在不同潜在因子数上的结果
进行了对比,证实了加入邻域的 SVD++模型在综合效果上优于 SVD 模型。
通过进一步分析上述模型的构建和实验过程,发现有几个参数或公式的选取
影响着算法的评估结果。

（1）潜在因子数 K。潜在因子数反映在矩阵分解得到的潜在因子矩阵
上,即其是矩阵分解中的隐含特征维度,潜在因子的数量能够影响分解后矩阵
包含原有矩阵的信息量。当潜在因子数增加时,算法准确率提升,但是时间和
空间复杂度增加;潜在因子数达到一定程度时,算法准确率将趋于稳定。因
此,在算法的比较中,可以选取准确率和复杂度相对均衡的情况进行对比。

（2）正则项权重 λ。该权重的目的在于防止模型过拟合,权重应选取合适
的值,过小不能有效地防止过拟合问题,过大则直接影响到模型的拟合效果。
本书通过实验选取了较优的权重值 $\lambda = 0.2$。

（3）正则项的选取。正则项是防止模型过拟合问题的一个重要部分,选
取较好的正则项约束能够提升拟合效果。

（4）学习速率 α。矩阵分解模型中,采用 SGD 法求解,SGD 法中需要设
置速率,该速率影响模型局部最优解的优劣,本章的学习速率为 α,每次迭代
后其值会降低 5%,以达到减少局部振荡的目的。

此外,在本章的实验过程中,经过多次重复训练,选取较优的参数进行实
验评估。在数据的特征分析中指出,数据的稀疏性会给算法效率带来影响,在
矩阵分解模型中,构成的矩阵是非常稀疏的,为了提高算法效率,后面的研究
中将添加评论文本内容,并能够缓解冷启动问题。

4.2　融合评分与评论的 HFPT 及 DLMF 算法

评分矩阵具有数据稀疏性,将评论文本数据引入传统基于评分矩阵的推
荐模型中将有助于提升推荐效果。本节介绍三部分的工作[81,82]。第一部分
是基于评论主题偏好的 HFPT(hidden factors as preference topics)算法的设
计与实现,用于改进 HFT(hidden factors and hidden topics)算法在评论主题
发现上的不足。第二部分是融合用户偏好与商品特性的 DLMF(double
latent Dirichlet allocation with matrix factorization)算法的设计与实现,用于
避免 HFPT 算法在短文本上的缺陷,并改进 HFT 算法在评论主题发现上的
不足。第三部分是将 HFPT 算法与 DLMF 算法应用在 Amazon 网站的 28 组
真实数据子集,比较了 Offset,LFM,SVD++,HFT(user)、HFT(item)在均

方误差评估方法下的效果。

4.2.1　基于评论主题偏好的 HFPT 算法

融合评分矩阵与评论文本的融合算法中,McAuley 等[83]提出的 HFT 算法是较为先进的算法之一,它分为两种子算法,一种是基于用户偏好的融合 HFT(user)算法,另一种是基于商品特性的融合 HFT(item)算法。其中,HFT(user)算法是评分矩阵与用户评论文本集主题的融合,HFT(item)是评分矩阵与商品评论集主题的融合,两种子算法的主题分布是使用 LDA 进行主题发现得到的。McAuley 等认为用户在打分时关注的是商品的特性或者自身的偏好,但是更倾向于商品的特性,因此两种子算法是基于其中一种偏好进行融合的。

然而,本小节针对上述 HFT 算法的融合策略提出了疑问:同时融合通过 LDA 算法得到的用户偏好主题和商品特性主题的评分矩阵分解算法是否会优于只融合用户偏好主题或只融合商品特性主题的评分矩阵分解算法。

针对上述问题,本节首先分析评论文本主题发现方法 LDA,而后提出改进的 HFPT 算法用以试图改进 HFT 算法,在本节的最后给出改进算法与原始算法及传统推荐算法的比较。

4.2.1.1　评论文本的主题发现

在介绍改进 HFPT 算法之前,首先描述评论文本的主题发现问题,引入主题模型的概念。主题模型就是为了得到文本中潜在主题进行构建模型的方法。通常,在构思一篇文档的过程中,首先,需要确定这篇文档的几个中心主题;然后,针对这几个中心主题进行进一步的单词确定;最后,通过这些单词造句,完成一篇文档。假设已经存在一篇文档,如何从中获取文档主题分布和主题词分布,就需要构建主题模型,并依据已有的文档中的词去估计主题的概率。常用的主题模型有概率潜在语义分析 PLSA 和 LDA,其中 LDA 是 PLSA 的贝叶斯框架下的模型。

LDA 与 PLSA 的区别在于 LDA 在 PLSA 上添加了贝叶斯框架,以及参数估计方法的变化,LDA 在参数上添加了先验概率分布,该先验参数称为超参数。那么 LDA 如何生成一篇文档呢?首先给出其抽象概率图,如图 4.5 所示。

由图 4.5 观察到两个参数都经过了先验参数 $\vec{\alpha}$ 和 $\vec{\beta}$,得到贝叶斯后验概率的参数,其中,$\vec{\alpha}$ 和 $\vec{\beta}$ 即上述称为超参数的参数,$\vec{\theta}_m$ 和 $\vec{\phi}_k$ 分别表示文档主题

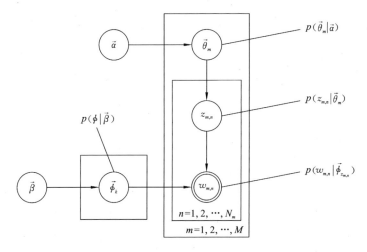

图 4.5　LDA 概率模型图

分布和主题词分布,$z_{m,n}$ 是采样得到的主题,$w_{m,n}$ 是采样得到的词,$p(\vec{\theta}_m|\vec{\alpha})$、$p(z_{m,n}|\vec{\theta}_m)$、$p(\phi|\vec{\beta})$、$p(w_{m,n}|\vec{\phi}_{z_{m,n}})$ 分别表示得到上述分布和词的条件概率。LDA 生成一篇文章的算法参见算法 4.3。

算法 4.3　LDA 文档生成算法

输入:主题。

输出:文档。

1. for all topics k∈ [1,K]:

2.　　 sample $\vec{\phi}_k$　 ∼ Dir($\vec{\beta}$)

3. for all documents m∈ [1,M]:

4.　　 sample $\vec{\theta}_m$∼Dir($\vec{\alpha}$)

5.　　 sample document length N_m∼Poiss(ξ)

6.　　 for all words n∈ [1,N_m] in document m do

7.　　　 sample $z_{m,n}$∼ Mult($\vec{\theta}_m$)

8.　　　 sample $w_{m,n}$∼Mult($\vec{\phi}_k$)

　　通过算法 4.3 得到文档主题,从文档主题中得到每一个词,最终可以得到一篇文档。为了便于后面的融合,现直接给出 LDA 算法中的联合概率分布为

$$p(\vec{w}_m, \vec{z}_m, \vec{\theta}_m, \phi \mid \vec{\alpha}, \vec{\beta}) = \prod_{n=1}^{N_m} p(w_{m,n} \mid \vec{\phi}_{z_{m,n}}) p(z_{m,n} \mid \vec{\theta}_m) p(\vec{\theta}_m \mid \vec{\alpha}) p(\phi \mid \vec{\beta})$$

$$(4.14)$$

式中：$\vec{\alpha}$ 和 $\vec{\beta}$ 为先验参数，其他未知参数是需要估计的参数，通常这些参数通过 Gibbs 采样方法求解，Gibbs 采样方法将在后面详细叙述。

4.2.1.2　HFT、HFPT 融合算法的原理

本节提出的融合算法称为 HFPT，即融合了打分偏好的隐因子模型。

用户对商品打分时会受到用户的个人偏好与商品特性的影响，即用户的打分背后综合了个人与商品两者的因素，在本书中称为打分偏好。该偏好是打分的隐性特质；同时，用户的评论文本恰恰能够反映这种隐性特征，换言之，评论文本的主题反映的是用户的打分偏好。那么通过用户的每一条评论文本的主题偏好映射至用户的个人偏好与商品特性，从而约束用户对未打分商品在偏好上的预测，这种方法就是 HFPT 算法的基本思想。与 HFPT 算法最相近的两个算法是来自 McAuley 等提出的 HFT 算法和 Bao 等[84] 提出的 TopicMF 算法。

1）HFT 算法

HFT 算法的原理是将用户评论集与商品评论集分开映射到用户的个人偏好或者商品特性中，例如，将评论集划分为用户评论集 $\{d_u\}$ 与商品评论集 $\{d_i\}$。d_i 和 d_u 分别用来表示文档集合中的一篇文档内容，可以得到每一个商品 i 的主题分布 θ_i（$\theta_i \in \Delta K$）和用户 u 的主题分布 θ_u（$\theta_u \in \Delta K$）。该主题分布可以解释为商品 i 的特性和用户 u 的偏好，并定义了 θ_i 或 θ_u 与分解矩阵 r_i 或 r_u 的关系，认为用户在打分时依据用户个人偏好或商品特性。本算法关注的重点在于其只将用户主题偏好或商品主题特性之一融合进矩阵分解模型，与新算法的区别详见后面的原理描述。

用户评论集和商品评论集可以训练出不同的潜在特征集，仅将其中之一构建的主题模型融合到评分矩阵模型不能够充分地利用评论文本的丰富信息，因此 HFT 算法的两种子算法 HFT(user) 和 HFT(item) 都未能够完全地融合用户评论文本信息。

2）TopicMF 算法

TopicMF 算法对 HFT 算法进行了改进，将所有的评论集使用非负矩阵分解方法得到每一条评论的主题分布，定义了非负矩阵分解的损失函数

L_{review}，并添加到 LFM 的正则项中，其核心思想是通过每一条评论的主题分布去正则化 LFM，融入了用户主题偏好与商品主题特性。

3）HFPT 算法

HFPT 算法也是融合了个性偏好与商品特性的方法，区别于 TopicMF 算法的是评论文本集的主题发现，也就是如何找到每一条评论的主题分布。HFPT 算法采用的是 LDA 主题发现模型，与 HFT 算法相同，然而在融合偏好上又区别于 HFT 算法。使用的评论集合与 TopicMF 算法一样，是整个评论集合，因此，首先需要定义文档集，用户 i 对用户 j 的评论定义为 $d_{i,j}$，那么评论集为 $\{d_{i,j}\}$，实例参见表 4.3。

表 4.3　HFPT 主题发现文档集定义

文档	评述	用户 ID	物品 ID
$d_{76,21}$	larger extra nooks putting extra accessories foot pedal manuals extra books material …	76	21
$d_{76,48}$	received foot yesterday tiny size feels singer zipper cording footit compact version bulky …	76	48
$d_{24,58}$	looked art supply stores crazy cutting scissors grandson fun metal plastic blades job …	24	58

从表 4.3 中可以看出，文档集合并没有针对用户或者商品得到单个用户的所有评论，或者单个商品的所有评论，而是将每一条评论作为一个文档，并对应到用户 i 对商品 j 的打分上。既然已经知道需要将用户 i 对商品 j 的打分偏好映射到评论文档集中的主题偏好上，那么，图 4.6 是 HFPT 算法的参数逻辑关系图。

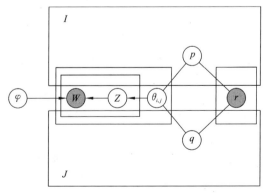

图 4.6　HFPT 算法的参数逻辑关系图

图 4.6 中，I 和 J 分别表示用户集合和商品集合数量，r 表示用户 i 对商品 j 的打分，p 和 q 表示打分 r 在用户 i 上的潜在特征向量和在商品 j 上的潜在特征向量。$\theta_{i,j}$ 就是评论集 $\{d_{i,j}\}$ 中评论 $d_{i,j}$ 的主题分布，W 是评论 $d_{i,j}$ 中的词，Z 是 W 的主题，φ 表示主题词分布。从图中可以看到，评论主题分布 $\theta_{i,j}$ 与潜在因子向量 p 和 q 存在映射关系，即在前面描述的主题偏好，映射到用户的个性化偏好与商品特性上。那么这些偏好应该如何定义呢，TopicMF 算法在主题偏好与用户偏好和商品特性的映射中定义了两组关系，具体参见式（4.15）和式（4.16）。TopicMF 算法中分别定义为 A-T 和 M-T。

$$\theta_{u,i,k} = \frac{\exp(\kappa_1 \mid p_{u,k} \mid + \kappa_2 \mid q_{i,k} \mid)}{\sum_{k'=1}^{K} \exp(\kappa_1 \mid p_{u,k'} \mid + \kappa_2 \mid q_{i,k'} \mid)} \tag{4.15}$$

$$\theta_{u,i,k} = \frac{\exp(\kappa \mid p_{u,k} \cdot q_{i,k} \mid)}{\sum_{k'=1}^{K} \exp(\mid \kappa \cdot p_{u,k'} \cdot q_{i,k'} \mid)} \tag{4.16}$$

式中：$\theta_{u,i,k}$ 为用户 u 对商品 i 在主题 k 上的概率；p_u 和 q_i 分别为用户 u 和商品 i 在主题 k 上的潜在向量。最为重要的是，上述两个定义中 $\theta_{u,i,k}$ 与 $p_{u,k}$ 和 $q_{i,k}$ 呈正相关关系。参数 κ_1 和 κ_2 用于控制映射关系的权重。

在 TopicMF 算法中分别实现了两种方法的映射，并经过实验发现融合式（4.16）的效果要优于融合式（4.15），因此，在 HFPT 算法中借鉴式（4.16）的映射关系为

$$\theta_{i,j,k} = \frac{\exp(\kappa \mid p_{i,k} \cdot q_{j,k} \mid)}{\sum_{k'=1}^{K} \exp(\mid \kappa \cdot p_{i,k'} \cdot q_{j,k'} \mid)} \tag{4.17}$$

可以看到，$\theta_{i,j,k}$ 即对应于图 4.6 中的 $\theta_{i,j}$，p_i 和 q_j 对应于图 4.6 中的 p 和 q，在这样的映射关系后，模型中就不需要同时对参数 $p_{i,k}$、$q_{j,k}$ 和 $\theta_{i,j}$ 进行拟合求解。HFPT 算法需要最小化的式子，参见式（4.18）。

$$O(\tau \mid \Theta, \Phi, \kappa, z) = \sum_{r_{i,j} \in \tau} (r_{i,j} - \tilde{r}_{i,j})^2 - \lambda \log L(\tau \mid \theta, \phi, z) \tag{4.18}$$

式中：$\tilde{r}_{i,j}$ 参见式（4.4）；Θ,Φ 为评分矩阵分解和主题发现模型中的参数集合；z 为每一个词的主题；κ 为映射关系式（4.17）中的控制参数；λ 为用于控制主题偏好正则化的权重。$L(\tau \mid \theta, \phi, z)$ 即为主题发现模型中式（4.14）的似然函数。可以看出，式（4.18）的本质是取代了评分矩阵分解中的式（4.7）中的正则化项。后面将介绍如何拟合求解 HFPT 算法中的参数 Θ、Φ、κ、z。HFPT 模型的构建及求解流程如算法 4.4 所示。

算法 4.4　HFPT 模型构建及求解流程

输入:评分评论集合。

输出:目标函数中的参数。

1．评分评论集合的预处理,如评论文本分词等。

2．基于用户的评分构建评分矩阵模型 LFM。

3．定义每一条评论为一篇文档,构建 LDA 主题发现模型。

4．融合步骤 2、3 构建 HFPT 模型,生成 HFPT 误差目标函数。

5．Gibbs 采样方法求解隐式主题参数。

6．拟牛顿法求解目标函数中的参数。

7．重复步骤 5、6 直到迭代次数完成。

4.2.1.3　HFPT 算法的拟合求解

在 HFPT 模型中需要优化参数 Θ、Φ、κ、z,其中,$\Theta = \{\mu, b_i, b_j, p_i, q_j\}$ 和 $\Phi = \{\theta, \phi\}$ 分别是评分矩阵模型中的参数和主题发现模型中的参数。然而 p 和 q 与 θ 具有映射关系,因此不能独立进行拟合求解,需要两步迭代方法进行求解。

$$\underset{\Theta^{(t)},\Phi^{(t)},\kappa^{(t)}}{\operatorname{argmin}} \sum_{r_{i,j} \in \tau} (r_{i,j} - \widetilde{r}_{i,j})^2 - \lambda \log \prod_{d \in D} \prod_{h=1}^{N_d} \theta_{d, z_{d,h}^{(t-1)}} \phi_{z_{d,h}^{(t-1)}, w_{d,h}} \quad (4.19)$$

$$\text{sample} \rightarrow z_{d,h}^{(t)}, \quad p(z_{d,h}^{(t)} = k) = \theta_{d,k} \phi_{k, w_{d,h}}^{(t)} \quad (4.20)$$

HFT 算法通过结合用户评论集合或商品评论集合作为模型输入,HFPT 算法区别于 HFT 算法之处在于主题发现似然函数是通过单条评论作为文档进行输入,且特征的映射关系也有所不同。在式(4.19)中通过参数求偏导数,使用拟牛顿法进行求解。式(4.19)变换为

$$\underset{\Theta^{(t)},\Phi^{(t)},\kappa^{(t)}}{\operatorname{argmin}} \sum_{r_{i,j} \in \tau} (r_{i,j} - \widetilde{r}_{i,j})^2 - \lambda \sum_{d=1}^{D} \sum_{k=1}^{K} n_{d,k} \big[\kappa \cdot |p_{i,k}| \cdot |q_{j,k}| $$
$$- \log \sum_{k'=1}^{K} \exp(\kappa \cdot |p_{i,k'}| \cdot |q_{j,k'}|) \big] - \lambda \sum_{d=1}^{D} \sum_{h=1}^{N_d} \log \phi_{z_{d,h}, w_{d,h}} \quad (4.21)$$

式中:d 为文档;D 为文档数;$n_{d,k}$ 为文档 d 中出现主题 k 的个数;其他参数的含义可以参见前面的描述。为了能够使用拟牛顿法求解各个参数,需要求解未知参数的偏导数来代入,μ、b_i、b_j 可以从 $\sum_{r_{i,j} \in \tau} (r_{i,j} - \widetilde{r}_{i,j})^2$ 中求得,ϕ 可以从 $\sum_{d=1}^{D} \sum_{h=1}^{N} \log \phi_{z_{1d}, w_{d,h}}$ 中求得,因此重要的是从以下公式中求得参数 p、q 以

及控制参数 κ 的偏导数。

$$\lambda \sum_{d=1}^{D} \sum_{k=1}^{K} n_{d,k} [\kappa \cdot |p_{i,k}| \cdot |q_{j,k}| - \log \sum_{k'=1}^{K} \exp(\kappa \cdot |p_{i,k'}| \cdot |q_{j,k'}|)]$$

参数 p、q、κ 的部分重要偏导式,给出如下公式所示。

$$\frac{\partial O}{\partial p_i} = \frac{\partial O}{\partial p_i} - \lambda \sum_{j=1}^{J} \sum_{d=1}^{D} \sum_{k=1}^{K} \kappa \cdot \left[\frac{n_{d,k} \cdot |q_{j,k}| - n_d \cdot |q_{j,k}| \cdot \exp(\kappa \cdot |p_{i,k}| \cdot |q_{j,k}|)}{\sum_{k'=1}^{K} \exp(\kappa \cdot |p_{i,k'}| \cdot |q_{j,k'}|)} \right]$$

$$(4.22)$$

$$\frac{\partial O}{\partial q_i} = \frac{\partial O}{\partial q_i} - \lambda \sum_{i=1}^{I} \sum_{d=1}^{D} \sum_{k=1}^{K} \kappa \cdot \left[\frac{n_{d,k} \cdot |p_{i,k}| - n_d \cdot |p_{i,k}| \cdot \exp(\kappa \cdot |p_{i,k}| \cdot |q_{j,k}|)}{\sum_{k'=1}^{K} \exp(\kappa \cdot |p_{i,k'}| \cdot |q_{j,k'}|)} \right]$$

$$(4.23)$$

$$\frac{\partial O}{\partial \kappa} = \frac{\partial O}{\partial \kappa} - \lambda \sum_{i=1}^{I} \sum_{j=1}^{J} \sum_{d=1}^{D} \sum^{K} |p_{i,k}| \cdot |q_{j,k}| \cdot \left[\frac{n_{d,k} - n_d \cdot \exp(\kappa \cdot |p_{i,k}| \cdot |q_{j,k}|)}{\sum_{k'=1}^{K} \exp(\kappa \cdot |p_{i,k'}| \cdot |q_{j,k'}|)} \right]$$

$$(4.24)$$

从 HFPT 算法中可以发现,与 HFT 算法一样,其主题分布 θ 并非是从 LDA 中获取,而是从前一步中的 $\Theta^{(t)}$ 得到。算法的伪代码为算法 4.5。

算法 4.5　HFPT 算法实现

输入:Ds 评分评论集合。

输出:目标函数最小化而求得的局部最优参数解。

```
1. initial();                        //分词等处理
2. corpus: vectors<vote> et.← Ds;    //corpus 类,vectors<vote> 数据集合
3. topicCorpus:
4.   documents(d)← vectors<vote> ;   //定义一条评论为一篇文档
5. n_{d,k}, n_d et. ← vectors<vote> ;  // topicCorpus 类统计主题词等
6.   while emIterations is not equal to maxEmNum do
7.     while gradIterations is not equal to maxGradNum do
8.       f← lsq(W[NW]);              // f 为误差目标函数,W[NW]为优化参数
9.       Lib-BGFS-Operation(f);      //拟牛顿法中的步骤
10.      end while;
11.   end while;
12. return W[NW]
```

4.2.2　融合用户偏好与商品特性的 DLMF 算法

　　HFPT 算法通过单条评论的 LDA 主题发现正则化潜在因子矩阵分解模型。经过实验发现,HFPT 算法在整体效果上稍逊于 HFT(item)算法,其原因是单条评论的内容较短,因此使用 LDA 主题发现模型不能够在融合算法中达到更好的效果。然而,用户评论集或商品评论集中每一篇文档表示一个用户或一件商品的所有评论文本内容,因此它的文本内容要远多于单条评论的文本内容,采用 LDA 主题发现模型适合文本较多的内容。这里首先介绍用户评论集与商品评论集主题发现的效果。

4.2.2.1　用户评论集的主题发现

　　在数据预处理中已经对用户评论文本集进行了合并,将每个用户的所有评论文本作为一篇文档,如表 4.4 所示。由表 4.4 可以看出,用户所有评论文本的汇总是原来单条评论文本的多倍,适合于 LDA 主题发现模型,并且每个用户的所有评论能够反映该用户在评论商品时的偏好,也就是本书的用户偏好。

表 4.4　用户评论集示例

| doc1 | A1000CXC2HWIIU | B0002KHBS2 | larger extra nooks putting extra accessories foot pedal manuals extra books material… |
| | A1000CXC2HWIIU | B0007XPYZ6 | received foot yesterday tiny size feels singer zipper cording footit compact version bulky … |

　　LDA 在原始论文[85]中采用变分的方法对参数进行求解,后来研究者使用了更有效的方法 Gibbs Sampling 或称为 Gibbs 采样方法,该方法是基于高维的马尔可夫链蒙特卡罗算法。蒙特卡罗算法是一种随机模拟的方法,常用于采样。基于蒙特卡罗方法的 n 维 Gibbs 采样算法如算法 4.6 所示。

算法 4.6　基于蒙特卡罗方法的 n 维 Gibbs 采样算法

输入:用户评论文本。

输出:参数估计值。

```
1. Sample init {xᵢ}i=1,2,3,…,n
2. for t=0 to Iterations do
3.    x₁^(t+1)~p(x₁|x₂^(t),x₃^(t),x₄^(t),…,xₙ^(t))
4.    x₂^(t+1)~p(x₂|x₁^(t+1),x₃^(t),x₄^(t),…,xₙ^(t))
5.    …
6.    xⱼ^(t+1)~p(xⱼ|x₁^(t+1),x₃^(t+1),…,xⱼ₋₁^(t+1)+,xⱼ₊₁^(t)…,xₙ^(t))
7.    …
8.    xₙ^(t+1)~p(xₙ|x₁^(t+1),x₂^(t+1),x₃^(t+1),…,xₙ₋₁^(t))
```

在 LDA 中,当迭代达到平稳分布时,采样的样本就可以用于更新主题-词分布和文档-主题分布。需要注意的是,由于 Gibbs 采样达到平稳分布时,连续样本间具有依赖性,因此可以间隔采样。

从 Gibbs 采样过程中可以看到,在更新样本时,LDA 是如何更新词的主题。经过公式推理可以得到第 i 个单词的主题更新概率为

$$p(z_i = k \mid \vec{z}_{\neq i}, \vec{w}) = \frac{n_{m,\neq i}^{(k)} + \alpha_k}{\sum\limits_{k'}^{K} (n_{m,\neq i}^{(k')} + \alpha_{k'})} \cdot \frac{n_{k,\neq i}^{(t)} + \beta_t}{\sum\limits_{t'=1}^{V} (n_{k,\neq i}^{(t')} + \beta_{t'})} \quad (4.25)$$

式中:n 表示词或主题的统计量;K 和 V 分别表示主题数和词数。

通过式(4.25)可以更新样本的主题,同时更新主题和词的统计量,因为当达到平稳分布时,这些样本的统计量就可以用于更新得到主题-词分布和文档-主题分布。经过推理得到分布公式为

$$\phi_{k,t} = \frac{n_k^{(t)} + \beta_t}{\sum\limits_{t'=1}^{V} (n_k^{(t')} + \beta_{t'})} \quad (4.26)$$

$$\theta_{m,k} = \frac{n_{m,\neq i}^{(k)} + \alpha_k}{\sum\limits_{k'}^{K} (n_m^{(k')} + \alpha_{k'})} \quad (4.27)$$

上述分布即最后使用 Gibbs 采样方法得到的参数估计值,也就是需要的主题-词分布和文档-主题分布,其整体实现伪代码见算法 4.7。

算法 4.7   LDA Gibbs 算法

输入:用户评论集。

输出:主题-词分布和文档-主题分布。

续表

```
1. initial();                         //初始化马尔可夫链的起始状态
2. while iter is not equal to iterNum do
3.   for m=0 to len(z)-1 do
4.     for n=0 to len(z[m])-1 do
5.       Topic  updateTopic(m,n);  //更新词的主题
6.       z[m][n]=topic;
7.     end;
8.   end;
9.   updateDistribution();           //通过采样得到的样本去更新需要的分布
10. end while;
```

在算法 4.7 中需要关注两个函数,其一,updateTopic(m,n)也就是式 (4.25)的实现,用于采样词主题。其二,updateDistribution()也就是式(4.26) 和式(4.27)的实现,根据样本统计量更新主题-词分布和文档-主题分布。

以 Arts 用户评论集为例,采用上述方法得到两种分布,表 4.5 的示例给 出了从 10 个主题中抽取出的 top 6 概率的词。在 Arts 数据集上使用 K 为 10,top6 的主题词参数。从表 4.5 可以看到 Arts 用户评论集的 10 个用户主 题,并且每个主题都表示用户的偏好。例如,topic5 反映的是用户关注的价格 以及质量,topic7 反映的是用户关注的纸张颜色。后面将针对商品的评论集 进行主题发现,并与用户评论集进行比较。

表 4.5 Arts 数据子集的用户评论集主题

topic	user reviews topics($K=10$、top6)					
topic1	glue	tape	book	gun	stick	books
topic2	ink	paint	water	color	pen	dye
topic3	bought	love	daughter	gift	christmas	loves
topic4	table	box	sturdy	plastic	hold	fit
topic5	product	price	quality	amazon	item	purchase
topic6	money	buy	time	don	didn	product
topic7	paper	color	colors	yarn	quality	needles
topic8	machine	sewing	thread	easy	brother	sew
topic9	scissors	cut	punch	cutting	hole	paper
topic10	easy	kit	book	instructions	project	time

4.2.2.2　商品评论集的主题发现

商品评论集是商品的所有评论的集合,反映的是商品的特性。通过 LDA 主题发现给出 10 个主题中 top6 概率的词参见表 4.6。

表 4.6　Arts 数据子集的商品评论集主题

topic	product reviews topics（$K=10$、top6）					
topic1	machine	sewing	thread	easy	brother	sew
topic2	product	price	item	time	size	fit
topic3	set	kit	daughter	fun	gift	loves
topic4	scissors	cut	cutting	blades	mat	sharp
topic5	paint	colors	color	pencils	set	art
topic6	glue	product	dye	gun	water	time
topic7	yarn	needles	color	knitting	colors	project
topic8	punch	ink	paper	hole	pen	pens
topic9	book	tape	books	guide	embroidery	designs
topic10	paper	product	photo	quality	roll	price

从表 4.6 中可以看出 10 个主题,反映出商品的 10 个特性,例如,topic2 反映的是商品的价格、时间、尺寸等,topic9 反映的带有磁带的书籍等。与表 4.5 对比发现,用户的偏好与商品的特性是存在不同的,因此,在用户进行打分时,应该融入用户的偏好以及商品的特性,然而,在 HFPT 算法中直接使用单条评论文本的内容。由于单条评论文本内容较短,无法得到较好的效果,因此可以通过分开用户评论集的偏好主题与商品评论集的特性主题,再融合到潜在因子矩阵分解中,DLMF 算法就是这种融合的实现。

4.2.2.3　DLMF 算法的原理

DLMF 也就是融合用户主题偏好和商品主题特性的隐因子模型。

为了借鉴和对比 HFT 算法,前面已经提到 McAuley 等的 HFT 算法中潜在因子 $k_1,k_2,k_3,\cdots,k_n$ 与主题发现模型中潜在特征 $T_1,T_2,T_3,\cdots,T_n$ 进行映射。HFT(item)中 $T_1,T_2,T_3,\cdots,T_n$ 是由商品评论集进行主题发现得到的,HFT(user)中 $T_1,T_2,T_3,\cdots,T_n$ 是通过用户评论集得到的。假设在潜在因子 k_i 的数量和主题 T_i 的数量相同的情况下,以 HFT(item)为例,模型中不希望分别去求解潜在主题 θ 和 p、q,因此,可以构建一个转换映射关系,要求 q_j

和 $\theta_{j,k}$ 成正比,因为 q_j 和 $\theta_{j,k}$ 反映的内容都是商品的特征。转换函数可以定义为

$$\theta_{j,k} = \frac{\exp(\kappa q_{j,k})}{\sum_{k'=1}^{K} \exp(\kappa q_{j,k'})} \tag{4.28}$$

式(4.28)是单调的,这样,在融合的模型中就可以只需估计 $q_{j,k}$ 即可,然而 HFT 算法只取一个主题分布与 p 或 q 映射,例如,如果商品评论集的主题分布 θ_j 与 q 映射,那么 p 将要与该 q 对应。换言之,商品在 k 个主题上的分解评分内容要与用户在这 k 个主题上的分解评分内容相对应,从而使 k 个主题做 k 个潜在因子的解释。

　　HFPT 算法试图融合用户偏好与商品特性的方法,然而,该算法中的融合是体现在单条评论文本内容中的。由于单条评论内容的短文本内容不完整,不能够得到较好的优化,于是,这里分别就用户评论集与商品评论集的主题发现与潜在因子向量 p 和潜在因子向量 q 进行映射,并融入矩阵分解模型中。

　　参数逻辑关系图 4.7 中 I 和 J 分别表示用户和商品集合的数量。在用户 i 的评论集中找到主题分布 θ_i,在商品 j 的评论集中找到主题分布 θ_j,分别从这两个分布中与潜在因子向量 p 和潜在因子向量 q 进行映射,再通过矩阵分解模型得到用户 i 对商品 j 的评分。从图中可以看到,存在两个主题发现模型,也就是用户评论集的主题发现和商品评论集的主题发现模型。

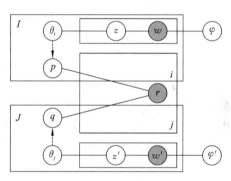

图 4.7　DLMF 参数逻辑关系图

前面就 Arts 数据集进行了两种不同评论集的主题发现,发现两种评论集的主题是存在差异的,也就是说用户偏好与商品特性是存在不一致的,这与现实是相符合的。因此,DLMF 算法将两种主题发现模型融合进评分矩阵分解模型中。

　　在本节给定用户评论集 $\{d_i\}$, d_i 表示用户 i 的所有评论文档,给定商品评论集 $\{d_j\}$, d_j 表示商品 j 所有评论的文档,那么可以定义两个评论集的 LDA 概率分布为

$$\mathcal{L}_{\text{review}}(\text{user}) = \prod_{d \in D} \prod_{h=1}^{N_d} \theta_{d,z_{d,h}} \phi_{z_{d,h}, w_{d,h}} \tag{4.29}$$

$$\mathcal{L}_{\text{review}}(\text{item}) = \prod_{d' \in D'} \prod_{h=1}^{N_{d'}} \theta'_{d',z'_{d,h}} \phi'_{z'_{d',h},w'_{d',h}} \qquad (4.30)$$

式中:d、D 表示用户评论集$\{d_i\}$;d'、D'表示商品评论集$\{d_j\}$;$\theta_{d,z_{d,h}}$ 和$\theta'_{d',z'_{d,h}}$表示两个评论集的文档-主题分布。那么文档主题分布与潜在因子矩阵或向量是如何映射的呢,借鉴 HFT 算法中的映射关系,得到用户评论集的潜在因子向量与主题分布的关系参见式(4.31),商品评论集的映射关系为式(4.28)。

$$\theta_{i,k} = \frac{\exp(\kappa p_{i,k})}{\sum_{k'=1}^{K} \exp(\kappa p_{i,k'})} \qquad (4.31)$$

DLMF 算法需要将式(4.28)和式(4.31)融合进 LDA 的最大似然函数中,进而与矩阵分解模型融合,则得到目标函数为

$$O = \sum_{r_{i,j} \in \tau} (r_{i,j} - \widetilde{r}_{i,j})^2 - \mu_1 \log L(D \mid \theta, \phi, z) - \mu_2 \log L(D' \mid \theta', \phi', z')$$

$$(4.32)$$

式中:μ_1 和 μ_2 用于控制主题似然函数的正则权重参数;$\log L(D \mid \theta, \phi, z)$ 和 $\log L(D' \mid \theta', \phi', z')$分别表示用户评论集 LDA 对数似然函数和商品评论集 LDA 对数似然函数。DLMF 算法的构建及求解流程参见算法 4.8。

算法 4.8　DLMF 算法构建及求解流程

输入:评分评论集合。

输出:目标函数中的参数。

---

1. 评分评论集合的预处理,如评论文本的分词等。

2. 基于用户的评分构建评分矩阵模型 LFM。

3. 定义用户评论集和商品评论集,构建两个 LDA 主题发现模型。

4. 融合步骤 2、3 构建 DLMF 模型,生成 DLMF 误差目标函数。

5. Gibbs 采样方法求解两个 LDA 主题模型中的隐式主题参数。

6. 拟牛顿法求解目标函数中的参数。

7. 重复步骤 5、6 达到迭代次数。

4.2.2.4　DLMF 算法的拟合求解

式(4.32)已经给出了目标函数,其具体表达形式为

$$\underset{\Theta,\Phi,\kappa,\kappa'}{\text{argmin}} \sum_{r_{i,j}\in\tau}(r_{i,j}-\widetilde{r}_{i,j})^2 - \mu_1\log\prod_{d\in D}\prod_{h=1}^{N_d}\theta_{d,z_{d,h}}\phi_{z_{d,h},w_{d,h}} \tag{4.33}$$

$$-\mu_2\log\prod_{d'\in D'}\prod_{h=1}^{N_{d'}}\theta'_{d',z'_{d',h}}\phi'_{z'_{d',h},w_{d',h}}$$

式中:定义 $\Theta=\{\mu,b_i,b_j,p_i,q_j\}$;$\Phi=\{\theta,\phi,\theta',\phi'\}$,已经知道 θ 和 θ' 与 p 和 q 存在映射关系,因此与 HFT 算法和 HFPT 算法一样,不能独立训练 Θ 和 Φ。那么可以通过迭代式(4.34)和式(4.35)来求解目标函数中的参数:

$$\underset{\Theta^{(t)},\Phi^{(t)},\kappa^{(t)},\kappa'^{(t)}}{\text{argmin}} \sum_{r_{i,j}\in\tau}(r_{i,j}-\widetilde{r}_{i,j})^2 - \mu_1\log\prod_{d\in D}\prod_{h=1}^{N_d}\theta_{d,z_{d,h}^{(t-1)}}\phi_{z_{d,h}^{(t-1)},w_{d,h}}$$

$$-\mu_2\log\prod_{d'\in D'}\prod_{h=1}^{N_{d'}}\theta'_{d',z'^{(t-1)}_{d',h}}\phi'_{z'^{(t-1)}_{d',h},w_{d',h}} \tag{4.34}$$

$$\text{sample}\rightarrow z_{d,h}^{(t)},z'^{(t)}_{d'h}, \quad p(z_{d,h}^{(t)}=k)=\theta_{d,k}\phi^{(t)}_{k,w_{d,h}}, \quad p(z'^{(t)}_{d'h}=k)=\theta'_{d'k}\phi'^{(t)}_{k,w_{d'h}} \tag{4.35}$$

经过推导,目标函数可以变为

$$\underset{\Theta^{(t)},\Phi^{(t)},\kappa^{(t)},\kappa'^{(t)}}{\text{argmin}} \sum_{r_{i,j}\in\tau}(r_{i,j}-\widetilde{r}_{i,j})^2 - \mu_1\sum_{d=1}^{D}\sum_{k=1}^{K}n_{d,k}\left\{\kappa\cdot p_{i,k}-\log\left[\sum_{k'=1}^{K}\exp(\kappa\cdot p_{i,k'})\right]\right\}$$

$$-\mu_2\sum_{d'=1}^{D'}\sum_{k=1}^{K}n_{d',k}\left\{\kappa'\cdot q_{j,k}-\log\left[\sum_{k'=1}^{K}\exp(\kappa'\cdot q_{j,k'})\right]\right\}$$

$$-\mu_1\sum_{d=1}^{D}\sum_{h=1}^{N_d}\log(\phi_{z_{d,h},w_{d,h}})-\mu_2\sum_{d'=1}^{D'}\sum_{h=1}^{N_{d'}}\log(\phi'_{z'_{d',h},w_{d',h}}) \tag{4.36}$$

其中,$n_{d,k}$ 和 $n_{d',k}$ 表示文档 d 或文档 d' 中出现主题为 k 的次数。其他参数包括后面求偏导数中的参数可以参见前面的描述。那么在上述的两个迭代步骤中的式(4.34)可以通过拟牛顿法求解。

为了能够使用拟牛顿法,还需要求解各个参数的偏导数,因此可以得到 p、q、κ、κ' 参数的部分重要偏导数公式:

$$\frac{\partial O}{\partial p_i}=\frac{\partial O}{\partial p_i}-\mu_1\sum_{j=1}^{J}\sum_{d=1}^{D}\sum_{k=1}^{K}\left[n_{d,k}\cdot\kappa-n_d\cdot\kappa\cdot\exp(\kappa\cdot p_{i,k})\bigg/\sum_{k'=1}^{K}\exp(\kappa\cdot p_{i,k'})\right] \tag{4.37}$$

$$\frac{\partial O}{\partial q_j}=\frac{\partial O}{\partial q_j}-\mu_2\sum_{i=1}^{I}\sum_{d'=1}^{D'}\sum_{k=1}^{K}\left[n_{d',k}\cdot\kappa'-n_{d'}\cdot\kappa'\cdot\exp(\kappa'\cdot q_{j,k})\bigg/\sum_{k'=1}^{K}\exp(\kappa'\cdot q_{j,k'})\right] \tag{4.38}$$

$$\frac{\partial O}{\partial \kappa} = \frac{\partial O}{\partial \kappa} - \mu_1 \sum_{i=1}^{I} \sum_{d=1}^{D} \sum_{k=1}^{K} p_{i,k} \cdot \left[n_{d,k} - n_d \cdot \exp(\kappa \cdot p_{i,k}) \Big/ \sum_{k'=1}^{K} \exp(\kappa \cdot p_{i,k'}) \right]$$
(4.39)

$$\frac{\partial O}{\partial \kappa'} = \frac{\partial O}{\partial \kappa'} - \mu_2 \sum_{j=1}^{J} \sum_{d'=1}^{D'} \sum_{k=1}^{K} q_{j,k} \cdot \left[n_{d',k} - n_{d'} \cdot \exp(\kappa' \cdot q_{j,k}) \Big/ \sum_{k'=1}^{K} \exp(\kappa' \cdot q_{j,k'}) \right]$$
(4.40)

通过拟牛顿法求解各个参数,进而求得每一次迭代中式(4.34)和式(4.35)中参数的局部最优解。DLMF 算法的伪代码如算法 4.9 所示。

算法 4.9　DLMF 算法

输入:评分评论集合 Ds。

输出:目标函数最小化而求得的局部最优参数解。

```
1. Initial();                              //分词等处理
2. corpus: vectors<vote> et.← Ds;          //corpus 类,vectors<vote> 数据集合
3. topicCorpus:
4.    documents(d1)← vectors<vote>;        //定义用户评论集为一篇文档
5.    documents(d2)← vectors<vote>;        //定义商品评论集为一篇文档
6. n_{d,k},n_d,n_{d',k},n_{d'} et. ← vectors<vote>;  // topicCorpus 类统计主题词等
7.    while emIterations is not equal to maxEmNum do
8.       while gradIterations is not equal to maxGradNum do
9.          f'← lsq(W'[NW]);               // f'为误差,W'[NW]为优化参数
10.         Lib-BGFS-Operation(f');        //拟牛顿法中的步骤
11.      end while;
12.   end while;
13. return W[NW];
```

4.2.3　实验结果与分析

本节讨论了两种融合评分矩阵与评论文本的 HFPT、DLMF 算法原理和求解方法,并针对两种算法分别在 Amazon 中的 28 个数据集上进行实验。为了能够与其他算法进行对比,同时实现了基于全局偏置的预测算法 offset[83] 和 LFM 算法[83]。经证明,潜在因子数 K 等于 10 时算法的误差估计能达到局部最优。为了能够与原始算法进行对比,选取 $K=5$,并且在主题正则权重参数 λ 以及 μ_1 和 μ_2 的选取上经过实验选取了结果较优的参数值,因此,这里采用 $K=5$、$\lambda=0.5$、$\mu_1=0.5$、$\mu_2=0.1$ 相对较优的参数进行实验对比。

4.2.3.1 全局偏置算法以及 LFM 算法实验结果

由于本章的评论文本中进行了去停用词、除噪声处理,因此得到的结果与原始论文中存在误差,然而这并不影响算法之间的对比,因为本章中所有的算法都是使用相同的处理过的数据集。为了体现数据的真实性,本章尽量使用所有的数据,仅对达到数 GB 量级的子集进行采样,其他子集保持原始数量,所有数据子集都划分为 4∶1∶1 的训练样本、验证样本、测试样本。由于本节中将后 20% 的测试样本划分了一部分为验证样本,因此实验结果与 4.1 节的 LFM 算法结果存在一定的差异,然而不影响本章中几种算法之间的比较。

首先比较基于全局偏置的算法 offset,该算法是将商品的平均值作为该商品的预测值,即用户 i 对商品 j 没有打分,那么使用商品 j 所有打分的平均分来预测。LFM 算法采用的是带有偏置的 SVD 模型,每个数据集的 offset 和 LFM 算法的结果及效果提升如表 4.7 所示。

表 4.7 offset 和 LFM 的实验结果(MSE)

Datasets	offset a	LFM b	Imp. b vs. a
Amazon_Instant_Video	1.816 718	**1.387 078**	23.65%
Arts	1.717 373	**1.532 365**	10.77%
Automotive	1.802 015	**1.594 104**	11.54%
Baby	1.906 211	**1.770 408**	7.12%
Beauty	1.755 679	**1.412 187**	19.56%
Books	1.474 779	**1.362 384**	7.62%
Cell_Phones_&_Accessories	2.318 377	**2.287 076**	1.35%
Clothing_&_Accessories	1.597 384	**0.392 945**	75.40%
Electronics	2.125 713	**2.006 641**	5.60%
Gourmet_Foods	1.680 040	**1.650 013**	1.79%
Health	1.852 469	**1.652 961**	10.77%
Home_&_Kitchen	2.001 117	**1.759 401**	12.08%
Industrial_&_Scientific	1.285 686	**0.414 979**	67.72%
Jewelry	1.486 781	**1.260 129**	15.24%
Kindle_Store	1.679 401	**1.633 415**	2.74%
Movies_&_TV	1.688 753	**1.530 791**	9.35%

续表

Datasets	offset a	LFM b	Imp. b vs. a
Music	1. 211 798	**1. 099 868**	9. 24%
Musical_Instruments	1. 596 279	**1. 551 396**	2. 81%
Office_Products	2. 069 281	**1. 821 759**	11. 96%
Patio	2. 095 429	**1. 915 252**	8. 60%
Pet_Supplies	1. 879 021	**1. 795 096**	4. 47%
Shoes	1. 374 472	**0. 262 346**	80. 91%
Software	2. 788 576	**2. 528 138**	9. 34%
Sports_&_Outdoors	1. 620 245	**1. 261 090**	22. 17%
Tools_&_Home_Improvement	1. 855 477	**1. 681 265**	9. 39%
Toys_&_Games	1. 670 877	**1. 585 947**	5. 08%
Video_Games	1. 836 921	**1. 786 549**	2. 74%
Watches	1. 578 050	1. 587 378	−0. 59%
AVG.	**1. 777 318**	**1. 518 677**	**14. 55%**

表 4.7 中粗体表示 MSE 最低的结果,也就是算法结果更优的一种。从表 4.7 中可以看出,经过矩阵分解的算法在几乎所有子集合上,除 Watches 子集合外,都比仅基于全局偏置的 offset 算法更优,平均结果也显示出了相同的效果。因此可以得出结论,潜在因子矩阵分解模型在推荐算法中具有显著的效果。

4. 2. 3. 2　HFT、HFPT 算法实验结果

在前面比较 LFM 中的 SVD 和 SVD++时,比较了不同潜在因子数下的实验结果。这里经过实验发现,在各个数据子集中,模型因子数为 5 时达到局部最优解,因此这里仅列出了模型因子数为 5 时的实验结果,并对比了 HFT(item)与 HFT(user)、HFPT 与 HFT(user)、HFPT 与 HFT(item)的提升效果,具体值参见表 4.8,其中 HFT 算法分为基于用户的融合算法 HFT(user)和基于商品的融合算法 HFT(item)。

表 4.8 HFT 与 HFPT 算法的实验对比结果（MSE）

Datasets	HFT(user)	HFT(item)	HFPT	Imp.	Imp.	Imp.
	a	b	c	b vs. a	c vs. a	c vs. b
Amazon_Instant_Video	1.403 331	**1.237 879**	1.241 715	11.79%	11.52%	−0.31%
Arts	1.403 269	**1.398 137**	1.405 139	0.37%	−0.13%	−0.50%
Automotive	**1.423 605**	1.426 024	1.446 262	−0.17%	−1.59%	−1.42%
Baby	1.465 442	**1.449 722**	1.485 505	1.07%	−1.37%	−2.47%
Beauty	1.392 671	**1.336 476**	1.347 839	4.04%	3.22%	−0.85%
Books	1.268 350	**1.250 076**	1.260 907	1.44%	0.59%	−0.87%
Cell_Phones_&_Accessories	**2.107 897**	2.112 647	2.117 026	−0.23%	−0.43%	−0.21%
Clothing_&_Accessories	0.375 229	**0.349 138**	0.354 129	6.95%	5.62%	−1.43%
Electronics	1.816 131	1.819 961	**1.811 834**	−0.21%	0.24%	0.45%
Gourmet_Foods	**1.457 064**	1.460 673	1.486 422	−0.25%	−2.01%	−1.76%
Health	1.554 054	**1.505 570**	1.516 725	3.12%	2.40%	−0.74%
Home_&_Kitchen	1.664 797	**1.530 157**	1.535 965	8.09%	7.74%	−0.38%
Industrial_&_Scientific	**0.344 320**	0.344 535	0.345 636	−0.06%	−0.38%	−0.32%
Jewelry	**1.197 654**	1.202 037	1.223 719	−0.37%	−2.18%	−1.80%
Kindle_Store	1.451 514	1.431 611	**1.428 913**	1.37%	1.56%	0.19%
Movies_&_TV	1.382 538	1.376 415	**1.349 808**	0.44%	2.37%	1.93%
Music	1.031 931	1.030 399	**1.014 069**	0.15%	1.73%	1.58%
Musical_Instruments	1.387 048	1.389 323	**1.370 014**	−0.16%	1.23%	1.39%
Office_Products	**1.666 770**	1.676 403	1.677 756	−0.58%	−0.66%	−0.08%
Patio	**1.708 102**	1.715 282	1.725 853	−0.42%	−1.04%	−0.62%
Pet_Supplies	1.555 542	**1.549 682**	1.560 526	0.38%	−0.32%	−0.70%
Shoes	0.235 528	0.218 553	**0.217 364**	7.21%	7.71%	0.54%
Software	**2.245 577**	2.270 249	2.249 234	−1.10%	−0.16%	0.93%
Sports_&_Outdoors	1.177 441	**1.147 139**	1.151 593	2.57%	2.20%	−0.39%
Tools_&_Home_Improvement	**1.498 481**	1.499 123	1.515 904	−0.04%	−1.16%	−1.12%
Toys_&_Games	1.390 398	1.378 072	**1.361 513**	0.89%	2.08%	1.20%
Video_Games	1.515 444	1.515 565	**1.490 550**	−0.01%	1.64%	1.65%
Watches	**1.496 303**	1.502 108	1.514 180	−0.39%	−1.19%	−0.80%
AVG.	**1.379 158**	1.361 534	1.364 503	1.28%	1.06%	−0.22%

表 4.8 中粗体表示 MSE 最低的结果，即效果最好的一种算法。从表 4.8 中的 28 个数据集可以清楚地看到，HFPT 算法有 8 组数据集要好于其他两种算法，从平均结果来看，HFT(item)算法优于 HFT(user)算法，HFPT 算法优于 HFT(user)算法，却稍逊于 HFT(item)算法。HFPT 算法出现这样的结果，可能的原因是用户的单条评论文本较短，LDA 主题发现模型适合于文本内容较长的文档。

4.2.3.3　DLMF 算法实验结果

DLMF 算法是将用户评论集的主题分布于商品评论集的主题分布同时融入矩阵分解模型中。在实验过程中通过验证取得两个较优的权重控制参数值，$\mu_1=0.5$，$\mu_2=0.1$，其他参数同上。表 4.9 给出了各个算法在 MSE 评估指标下的具体结果值，以及结果提示百分比率。

表 4.9　DLMF 算法实验对比结果（MSE）

Datasets	HFT(user) a	HFT(item) b	HFPT c	DLMF d	Imp. d vs b	Imp. d vs c
Amazon_Instant_Video	1.403 331	**1.237 879**	1.241 715	1.281 167	−3.50%	−3.18%
Arts	1.403 269	1.398 137	1.405 139	**1.395 728**	0.17%	0.67%
Automotive	**1.423 605**	1.426 024	1.446 262	1.432 097	−0.43%	0.98%
Baby	1.465 442	**1.449 722**	1.485 505	1.456 733	−0.48%	1.94%
Beauty	1.392 671	**1.336 476**	1.347 839	1.341 773	−0.40%	0.45%
Books	1.268 35	1.250 076	1.260 907	**1.245 885**	0.34%	1.19%
Cell_Phones_&_Accessories	**2.107 897**	2.112 647	2.117 026	2.118 866	−0.29%	−0.09%
Clothing_&_Accessories	0.375 229	**0.349 138**	0.354 129	0.353 376	−1.21%	0.21%
Electronics	1.816 131	1.819 961	1.811 834	**1.753 016**	**3.68%**	3.25%
Gourmet_Foods	**1.457 064**	1.460 673	1.486 422	1.459 025	0.11%	1.84%
Health	1.554 054	**1.505 57**	1.516 725	1.508 202	−0.17%	0.56%
Home_&_Kitchen	1.664 797	**1.530 157**	1.535 965	1.548 969	−1.23%	−0.85%
Industrial_&_Scientific	**0.344 32**	0.344 535	0.345 636	0.373 955	−8.54%	−8.19%
Jewelry	1.197 654	1.202 037	1.223 719	**1.197 41**	0.38%	2.15%
Kindle_Store	1.451 514	1.431 611	1.428 913	**1.418 24**	0.93%	0.75%
Movies_&_TV	1.382 538	1.376 415	**1.349 808**	1.369 14	0.53%	−1.43%
Music	1.031 931	1.030 399	**1.014 069**	1.044 047	−1.32%	−2.96%

续表

Datasets	HFT(user) a	HFT(item) b	HFPT c	DLMF d	Imp. d vs b	Imp. d vs c
Musical_Instruments	1.387 048	1.389 323	**1.370 014**	1.391 368	−0.15%	−1.56%
Office_Products	1.666 77	1.676 403	1.677 756	**1.642 782**	2.01%	2.08%
Patio	1.708 102	1.715 282	1.725 853	**1.704 495**	0.63%	1.24%
Pet_Supplies	1.555 542	**1.549 682**	1.560 526	1.553 574	−0.25%	0.45%
Shoes	0.235 528	0.218 553	**0.217 364**	0.221 303	−1.26%	−1.81%
Software	2.245 577	2.270 249	2.249 234	**2.202 432**	2.99%	2.08%
Sports_&_Outdoors	1.177 441	**1.147 139**	1.151 593	1.151 549	−0.38%	0.00%
Tools_&_Home_Improvement	1.498 481	1.499 123	1.515 904	**1.485 249**	0.93%	2.02%
Toys_&_Games	1.390398	1.378 072	1.361 513	**1.356 396**	1.57%	0.38%
Video_Games	1.515 444	1.515 565	1.490 55	**1.487 87**	1.83%	0.18%
Watches	**1.496 303**	1.502 108	1.514 18	1.505 208	−0.21%	0.59%
AVG.	**1.379 158**	**1.361 534**	**1.364 503**	**1.357 137**	**0.32%**	**0.54%**

由表 4.9 可以发现,DLMF 算法有 11 组数据子集的结果优于其他算法,相对 HFPT 算法有所提升,平均提升效果为 0.54%。以 HFT(item)算法为基准,DLMF 提升效果最高达到 3.68%。

4.2.3.4　实验结果对比分析

1) 六种算法评估结果比较

为了能够更好、更突出地比较本章算法与传统的基于评分的算法,以及先进的融合评论文本的算法,本小节将通过 Amazon 各个数据集的平均评估值进行比较。

在前面已经实现了 offset、LFM、HFT(user)、HFT(item)、HFPT、DLMF 算法,下面将依据前面得到的平均 MSE 结果进行对比,结果如图 4.8所示。

图 4.8 已经清楚地展示了几种算法的比较结果,可以发现本节提出的 DLMF 算法是最优的,HFPT 算法尽管稍逊于 HFT(item),但是与 offset 和 LFM 以及 HFT(user)相比更优。

2) 算法的对比分析

上述六种算法可以分为三种,第一种是非矩阵分解算法(offset),第二种

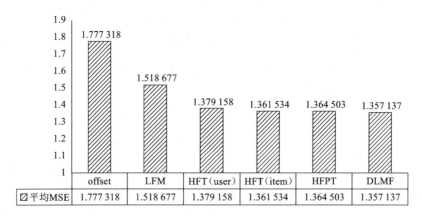

	offset	LFM	HFT(user)	HFT(item)	HFPT	DLMF
▨平均MSE	1.777 318	1.518 677	1.379 158	1.361 534	1.364 503	1.357 137

图 4.8　六种算法的 MSE 评估结果直方图

是潜在因子矩阵分解算法(LFM),第三种是融入了评论信息的潜在因子矩阵分解算法(HFT(user)、HFT(item)、HFPT、DLMF)。

第一种算法没有应用潜在特征的矩阵分解。第二种算法应用了矩阵分解方法。单从结果上来看,矩阵分解方法得到了显著的效果,在理论上也是合理的,矩阵分解中隐含了用户历史信息的偏好,这对预测未评分的用户有显著的作用。

第三种算法融入了评论文本挖掘的信息,它们之间的差别在于融合的方法以及融合程度,以及在评论文本主题挖掘上的不同。HFPT 算法以单条评论为一篇文档,然而单条评论的文本内容较短,LDA 的短文本进行主题发现给结果带来了影响,然而其相比于简单的融合用户偏好,HFT(user)算法更优。DLMF 算法则在划分的两个评论集上进行主题发现,并融合进潜在因子分解矩阵,这种方法的好处在于克服了 HFPT 算法在短文本上的缺陷,同时考虑了用户偏好和商品特性。

第 5 章   基于社团聚类的推荐方法

5.1   社团结构以及社团发现算法

网络结构中的社团结构[86]指的是一组内部之间有较大相似性却与网络中的其他部分有较大不同的节点的群落。在以往对各种复杂网络结构的研究中,人们已经发现这些网络结构总会自然地形成社团或者说社区结构,例如,在生物分子反应网络中,那些聚集到一个社团形成功能性模块的节点往往具有特定的化学功能。而在社交网络中,一个社团可以代表一群具有相同爱好的个人或者地理位置接近的群体。

经典的社团结构发现算法主要可以大致划分为凝聚算法和分裂算法两大类[87]。

凝聚算法的大体过程如下。最开始时将网络结构内的所有节点全部作为单独的社团,接着将社团相似度最高的两个社团进行合并,重复以上合并过程直到得到目标社团时停止。

凝聚算法的经典代表算法是Newman 社团发现算法[88],算法流程如图 5.1 所示。

分裂算法与凝聚算法的思路相反,大体过程如下。最开始时将网络结构内的所有节点作为一个社团存在,接着将节点间相似性最低的边分开,重复以上分裂过程直到得到目标社团时停止。

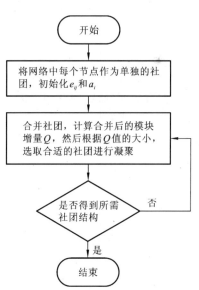

图 5.1   Newman 社团发现算法

分裂算法的经典代表算法是 GN 算法[89]。GN 算法定义边介数为网络结构中经过每条边的最短路径的个数,其流程图如图 5.2 所示。

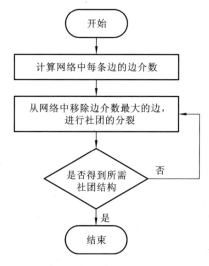

图 5.2　GN 算法流程图

5.2　基于用户偏好聚类的社团发现算法

目前主流的社交网络大体可以分为两类。一类是以 Facebook 为代表的基于社交图谱(social graph)的社交网络。在 Facebook 中,因为建立好友关系需要双方共同确认,因此用户的好友一般是其在现实中认识的人,如同学、同事等。另一类是以新浪微博为代表的基于兴趣图谱(interest graph)的社交网络。在新浪微博中,用户往往因为对某人展现出的兴趣爱好感兴趣而建立社交关系,这种社交关系并非是双向的,系统中的用户是通过单向的关注建立起连接的。但每个社交网络都不可能是单纯的社交图谱或者兴趣图谱,如在新浪微博或者 Twitter 中,用户也会关注自己现实中的好友。

当把基于内容的推荐、User-based CF 和 Item-based CF 等传统的推荐算法直接作用于社交网络时,往往并不能够取得这些算法在电子商务平台上展现出的优良效果,原因是这些算法并没有把社交好友关系融入建模计算过程中去。另外,在社交网络推荐系统中也不能仅仅考虑社交关系,还需要考虑用户的兴趣偏好,如某一用户与其好友的兴趣偏好也不一定相似。

传统的社团发现算法大都使用社交好友关系来进行融合或者拆分社团,并没有利用兴趣点推荐系统中用户的兴趣偏好信息。

本节通过分析兴趣点推荐系统中用户的兴趣偏好以及社团结构,提出了基于用户兴趣偏好聚类的社团发现算法(community discovery algorithm based on user preference clustering，CDPC）。

5.2.1　用户兴趣偏好建模

基于用户兴趣偏好聚类的社团发现算法 CDPC 是根据凝聚算法的思想，将具有相同偏好的用户凝聚到一起，组织成社团。本小节是对兴趣点推荐系统中的社交好友关系部分进行建模，因此根据用户–兴趣点评分矩阵定义用户兴趣偏好矩阵如式（5.1）所示，其中，A 有 m 行 n 列，a_{ij} 代表用户对兴趣点的评分，即用户 i 对兴趣点 j 的兴趣偏好。在不同类型的应用中，评分的取值范围可以不同。例如，若用户对游乐场打分的分值为 $1\sim5$，则 a_{ij} 取值范围为 $1\sim5$；若 a_{ij} 代表用户是否在某餐馆签到过，则取值范围为 0 或者 1。

$$A=(a_{ij})=\begin{pmatrix} a_{11} & \cdots & a_{1j} & \cdots & a_{1n} \\ \vdots & & \vdots & & \vdots \\ a_{i1} & \cdots & a_{ij} & \cdots & a_{in} \\ \vdots & & \vdots & & \vdots \\ a_{m1} & \cdots & a_{mj} & \cdots & a_{mn} \end{pmatrix} \tag{5.1}$$

首先定义社交网络中的社团集合为空集，即 $C=\varnothing$，用户集合包含所有用户，即 $U=\{u_1,u_2,u_3,\cdots,u_n\}$，并且用户的兴趣偏好为 $p=\{a_{i1},a_{i2},a_{i3},\cdots,a_{in}\}$，因为计算用户间相似度时计算的是两个兴趣偏好向量的相似程度，因此仍使用余弦相似度 $\cos(u,v)$ 来进行度量。因为要判断用户能否加入某一社团，所以定义社团凝聚度 cs（community cohesion）为

$$\mathrm{cs}(u_i,c_x)=\frac{1}{m}\sum_{u\in c_x}\cos(u_i,v) \tag{5.2}$$

其中：$c_i\in C$；m 表示社团 c_i 中的用户数量；$\cos(u_i,v)$ 表示用户 u_i 与 v 的余弦相似度。社团凝聚度 $\mathrm{cs}(u_i,c_x)$ 是目标用户 u_i 与社团 c_x 中每个用户相似度的累加之后再求平均得到的。设置判断用户能否加入某一社团的阈值为 μ，若 $\mathrm{cs}(u_i,c_x)>\mu$，则表示目标用户满足加入该社团的条件。

5.2.2　CDPC 算法流程

CDPC 算法步骤如下。

（1）从 U 中抽取一个用户作为 u_1，然后创建新社团 c_1，使 $u_1\in c_1$，此时
$$U=\{u_2,u_3,\cdots,u_n\} \quad c_1=\{u_1\}，C=\{c_1\}$$

（2）从 U 中抽取用户 u_i，遍历 $C=\{c_1,c_2,\cdots,c_m\}$ 中的每一个社团 c_x，计算 u_i 与 c_x 的社团凝聚度 $\mathrm{cs}(u_i,c_x)$，然后把 $\mathrm{cs}(u_i,c_x)$ 与阈值 μ 进行比较，若大于

阈值 μ 则 $u_i \in c_x$。若遍历结束后用户 u_i 并没有加入任一个社团 c_x，则生成新的社团 c_{m+1}，$u_i \in c_{m+1}$，$C = \{c_1, c_2, \cdots, c_m, c_{m+1}\}$，并从用户集合 U 中删除该用户 u_i。

（3）若 U 为空集，则算法结束，否则，返回到步骤 2 继续执行。

该算法有以下几点需要注意，详细流程见图 5.3。

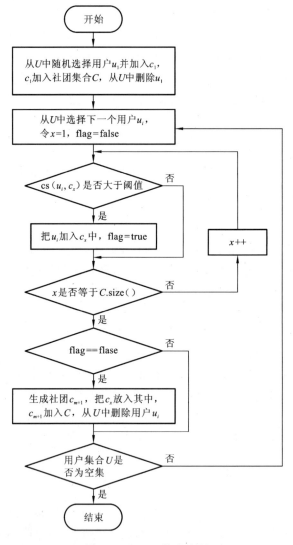

图 5.3　CDPC 算法流程

（1）因为在兴趣点推荐系统中用户的兴趣偏好可能是多样化的，所以在步骤(2)中需要依次计算用户与社团集合中所有社团的社团凝聚度 $cs(u_i, c_x)$,即用户可能从属于多个社团,因此 CDPC 算法最终会得到重叠社团。

(2) 阈值 μ 的选择对实验结果的影响较大。若阈值 μ 较小,则用户与已有社团计算出的社团凝聚度一般大于阈值 μ,会导致社团数目很少,社团内部的用户数目很大,此时社团间的区分度不高;若阈值 μ 较大,则用户与已有社团计算出的社团凝聚度一般小于阈值 μ,会导致社团数目很多,社团内部的用户数目很小,甚至很多社团只由一两个用户构成。

(3) 传统的社团发现算法都是根据社交好友关系网络图,即使用社交好友关系来进行融合或者拆分社团,并没有利用兴趣点推荐系统中用户的兴趣偏好信息。在现有的各种社交网络中,用户很多情况下都是根据兴趣偏好来建立好友关系,而不仅依赖已有的好友关系,因此并不适用于兴趣点推荐系统中的社团发现。

(4) 本章提出的 CDPC 算法实质上也是一种凝聚算法,但其与 Newman 等凝聚算法不同,它并不是通过利用社团之间的模块度增量来进行社团融合而是利用用户的偏好信息,在兴趣点推荐系统中就是用户–兴趣点评分矩阵,这是与传统社团结构发现算法的不同之处。

(5) 在步骤(2)计算社团凝聚度 cs 时,可以建立用户相似度矩阵 E,这样可以忽略很多重复计算。

CDPC 算法伪码如算法 5.1 所示。

算法 5.1　基于用户偏好聚类的社团发现算法 CDPC

输入:社交网络社团集合 $C=\varnothing$,用户集合 $U=\{u_1, u_2, u_3, \cdots, u_n\}$,阈值 μ。
输出:社交网络社团集合 $C=\{c_1, c_2, \cdots, c_m\}$。

```
1. for each user record uᵢ in U do   //遍历用户集合
2.    if check(uᵢ)                    //若 uᵢ是用户集合 U 中的第一个用户
3.       uᵢ ∈ c₁, C.add(c₁)
4.    end if
5.    for each community cₓ in C do   //遍历社团集合
6.       if(cs(uᵢ,cₓ) > μ)            //若用户 uᵢ 与社团 cₓ 的社团凝聚度 cs 大于阈值
7.          uᵢ ∈ cₓ, flag=true        //将用户 uᵢ 加入社团 cₓ 中,并用 flag 标记
8.       end if
9.    end for
10.   if(flag== false)               //若用户没有加入任何社团
11.      uᵢ ∈ c_{m+1}, C.add(c_{m+1})  //新建社团 c_{m+1}
12.   end if
13. end for
```

　　算法 5.1 核心的部分在步骤(2)中,首先遍历所有用户,对于每一个用户,再遍历所有已经存在的社团,依次通过计算社团凝聚度 $cs(u_i,c_x)$ 判断其能否加入其中。若该用户没能加入任何一个社团,则生成一个新的社团将其加入。

　　设用户集合 U 的大小为 u,可以分为以下几种情况。

　　(1) 若为最坏的情况,每次迭代的用户均不能加入已经存在的社团,都需要生成新的社团,最后将得到 u 个社团,第 i 个用户需要与 $i-1$ 个社团计算社团凝聚度,因此时间复杂度为 $O(u^2)$。

　　(2) 若为最好的情况,即只生成了一个社团,每次遍历用户都只需要与此社团进行计算,因此时间复杂度为 $O(u)$。

　　(3) 若为一般情况,每次迭代的用户根据阈值的不同,可能加入已有社团,也可能生成新的社团,即最终生成的社团总数不同,设最终得到 v 个社团,则时间复杂度为 $O(uv)$,$v<u$ 且与阈值 μ 相关。

　　综上所述,基于用户偏好聚类的社团发现算法 CDPC 的时间复杂度为 $O(u^2)$。

5.3　基于社团聚类的兴趣偏好建模算法

5.3.1　CDCF 算法的提出

　　前面提出的 CDPC 算法的作用是利用用户的兴趣偏好信息即兴趣点推荐系统中的用户–兴趣点评分矩阵进行聚类,从而得到所需的兴趣偏好社团集合。但实际上,CDPC 算法同样可适用于用户–用户好友关系矩阵,此时兴趣偏好被解释为社交好友关系。若用户之间存在好友关系,则用户–用户好友关系矩阵中相应的位置值是 1,反之则是 0。当 CDPC 算法对用户好友关系聚类时,用户社交好友关系向量上相同的维度越多,代表两个用户可能认识的概率就越大。例如,在微信中,用户的好友一般是其在现实中认识的人,此时基于用户社交好友关系进行聚类得到的社团很可能是现实中的学校、社区等。

　　传统的协同过滤兴趣点推荐在进行推荐时,只是根据用户–兴趣点(项目)评分矩阵计算用户间或者兴趣点间的相似度,再选择最近邻集合进行推荐,并没有利用社交网络中用户间的好友关系,并且由于社交网络中存在着海量的社交好友关系数据,协同过滤算法在寻找近邻阶段也耗时明显,对于实时性要求更高的兴趣点推荐系统来说明显并不适用。而传统的社团发现算法大都使用社交好友关系进行融合或者拆分社团,并没有利用兴趣点系统中用户的兴趣偏好信息。

因此,本节给出一种基于社团聚类的兴趣偏好建模算法 CDCF,此算法融合了社团结构、用户的兴趣偏好信息以及用户间的社交好友关系对兴趣点推荐的影响,并且还通过社团聚类方法达到提前建立模型以及缩小近邻搜索空间的目的,提高了推荐系统的准确率以及实时性[90,91]。

5.3.2 CDCF 算法流程

(1) 最初是建立模型阶段,使用 CDPC 社团发现算法对用户社交好友关系矩阵进行聚类得到好友关系社团集合,同时对用户的兴趣偏好即用户-兴趣点评分矩阵进行聚类得到兴趣社团集合。此时就得到了事先训练好的模型:好友关系社团集合以及兴趣社团集合。

(2) 在 CDCF 算法的寻找近邻阶段,从模型中取出包含目标用户 i 的那些好友关系社团集合 $C_{F(i)}$ 与兴趣社团集合 $C_{P(i)}$。得到的两个社团集合 $C_{F(i)}$ 与 $C_{P(i)}$ 内很有可能包含重叠用户,因此要各自取并集。将同属于这两个社团集合的用户作为目标用户 i 的近邻集合 T'_i,再从中选取同用户 i 相似度最高的 k 个用户作为最终的近邻集合 T_i。

(3) 在 CDCF 算法的推荐阶段,使用目标用户的近邻集合 T_i 计算出目标兴趣点的预测评分,再选取 top N 作为推荐列表返回给用户。

算法详细步骤如下。

(1) 初始化,定义社交网络 G,用户集合为 $U=\{u_2,u_3,\cdots,u_n\}$,C_F 表示好友关系社团集合,C_P 表示兴趣偏好社团集合。

(2) 建立模型,在 G 上执行 CDPC 算法,分别得到好友关系社团集合 C_F 和兴趣偏好社团集合 C_P。

(3) 从 C_F 和 C_P 中分别取出包含目标用户 i 的好友关系社团集合 $C_{F(i)}$ 与兴趣社团集合 $C_{P(i)}$,并按照式(5.3)和式(5.4)分别取并集。

$$C_{F(i)}=C_{F(i)1}\bigcup C_{F(i)2}\bigcup \cdots \bigcup C_{F(i)n} \tag{5.3}$$

$$C_{P(i)}=C_{P(i)1}\bigcup C_{P(i)2}\bigcup \cdots \bigcup C_{P(i)n} \tag{5.4}$$

(4) 按照式(5.5)得到目标用户 i 的近邻集合 T'_i,再从中选取同用户 i 相似度最高的 k 个用户作为最终的近邻集合 T_i。

$$T'_i=C_{P(i)}\bigcap C_{F(i)} \tag{5.5}$$

(5) 按照式(5.6)计算用户 i 对兴趣点 l 的预测评分 $S_{i,l}$:

$$S_{i,l} = \frac{\sum\limits_{j \in T_i} w_{i,j}(r_{j,l} - \bar{r}_j)}{\sum\limits_{j \in T_i} \| w_{i,j} \|} + \bar{r}_i \qquad (5.6)$$

式中：T_i 即步骤（4）求得的近邻集合；$\bar{r}_i$ 表示目标用户 i 的平均评分；$\bar{r}_j$ 表示用户 j 的平均评分；$w_{i,j}$ 表示用户 i 和用户 j 间的相似度权重。因为需要考虑用户的社团重叠度，所以定义 $w_{i,j}$ 的计算方式为

$$w_{i,j} = \cos(i,j)\sigma_{i,j} \qquad (5.7)$$

式中：$\cos(i,j)$ 表示用户 i 和 j 的余弦相似度，可根据式（5.3）计算；参数 $\sigma_{i,j}$ 的计算方法是同时包含用户 i 和 j 的社团数量除以总的社团数量，这里考虑了社团重叠度的影响。

（6）选取预测评分最高的 top N 兴趣点作为推荐列表返回给目标用户 i。

CDCF 算法可以事先训练好模型，对于要进行推荐的目标用户，接下来只需要使用缩小后的近邻搜索空间中的数据，通过式（5.6）计算出预测评分即可获得推荐列表返回给用户，因此能够达到推荐实时性的目的。此方法无疑会缺失一些精度，因为用户-用户好友关系矩阵以及用户-兴趣点评分矩阵很可能是实时变化的。可以为系统添加一个定时任务，系统每隔 3 h 会自动重新建立一次模型，在较短的时间间隔内数据变动带来的推荐精度影响一般较小，但可以大大提高系统的响应速度。

CDCF 算法的流程如图 5.4 所示。

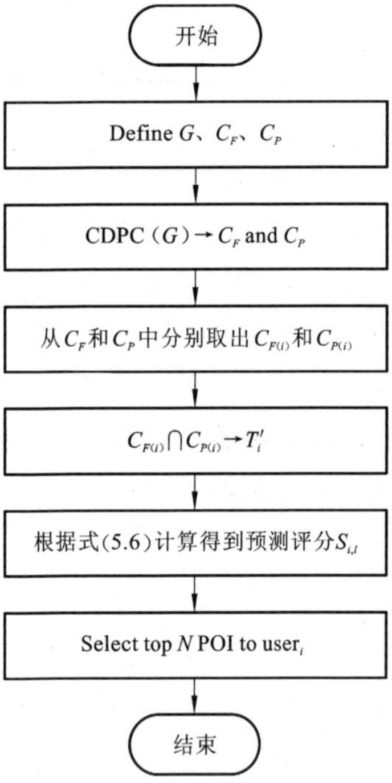

图 5.4　CDCF 算法流程图

5.3.3　CDCF 算法实验

5.3.3.1　数据集

本节实验使用的是 Yelp 数据集，主要使用的是 Yelp 数据集中的社交关系数据以及用户-兴趣点评分矩阵部分，如表 5.1 和表 5.2 所示。

表 5.1　社交关系数据

property	Yelp
User id	FAubDNPfgsisQkExM5JEpA
Friends id	bcOQtICINqUx3uJzLyjvEP

表 5.2　用户-兴趣点评分矩阵

property	Yelp
User id	i6BScLyGJY2o1da2yz00rh
Business id	z0KSnoqf1gdyHTXDJh5OXG
Stars	5

5.3.3.2　实验结果与分析

如图 5.5 所示,随着阈值 μ 的增加,CDCF 算法的 MAE 先下降后上升,当 μ 取 0.4 时 MAE 最低,表明阈值 μ 的取值对算法精确度的影响很大,且对于本数据集,CDCF 算法阈值的最佳取值是 0.4。出现这样的实验结果是因为当阈值 μ 设定很小时,用户与已有社团计算出的社团凝聚度一般大于阈值 μ,会导致社团数目很少,社团内部的用户数目很大,此时 C_F 和 C_P 的区分度都不高,并不能很好地利用好友关系信息以及兴趣偏好信息,因此推荐精度不够理想;而当阈值 μ 设定很大时,用户与已有社团计算出的社团凝聚度一般小于阈值 μ,会导致社团数目很多,社团内部的用户数目很小,甚至很多社团只由一个用户构成,也没达到合理聚类的目的,此时 MAE 也很高。由图 5.5 可知,当阈值 μ 取 0.4 时 CDCF 算法的推荐精度最高。

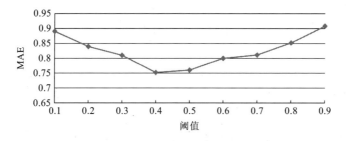

图 5.5　CDCF 算法阈值对 MAE 指标的影响

CDCF 算法的实验结果如图 5.6 所示,本实验使用的阈值 μ 的取值是 CF 算法中的最优值 0.4。随着近邻数目 k 的增大,CDCF 算法与基于余弦相似度的协

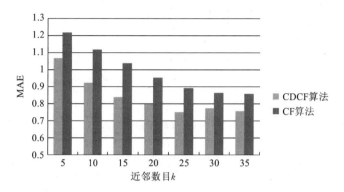

图 5.6 两种算法 MAE 指标随近邻数量 k 变化的结果

同过滤算法 CF 大体上都是逐渐降低的趋势,即精确度越来越高。而在相同的近邻数目 k 下,CDCF 算法比 CF 算法的推荐效果更好,这是因为 CDCF 算法同时考虑到了社交网络的社团结构、用户的兴趣偏好信息以及用户间的社交好友关系对兴趣点推荐的影响,因此推荐效果更佳。

5.4 社团聚类与多源数据融合建模的兴趣点推荐算法

随着智能手机的逐步普及,兴趣点推荐系统也逐渐流行开来。用户在兴趣点推荐系统中可以得到丰富的体验,充实自己的生活,如可以在其中结交朋友,构成社交圈;可以通过浏览兴趣点的信息,如兴趣点的类型、位置、评分以及其他用户留下的评分文本等,便捷地寻找自己感兴趣的兴趣点;还可以在兴趣点签到,为兴趣点评分并且撰写点评文本,进而与其他用户交流和分享等。但近年来随着用户和兴趣点的不断增加,兴趣点推荐系统中的信息量也呈现出指数级增长趋势,几乎所有用户都面临着严重的信息过载问题。对于大部分用户来说,使用兴趣点推荐系统最主要的目的就是找到自己感兴趣的兴趣点,但是由于兴趣点数量太多,靠用户自己人工筛选是不现实的,因此兴趣点推荐系统就需要为用户提供一种个性化的兴趣点推荐算法服务,这就是兴趣点推荐系统本质上的任务。

传统推荐系统的各种算法都可以被无缝地迁移到兴趣点推荐系统中,但此时,兴趣点只是作为一个普通的商品被推荐给用户,就如基于用户-兴趣点评分矩阵的一些算法,推荐时一般只使用到了评分数据。但 LBSN 兴趣点推荐系统拥有传统推荐系统不具备的多源异构信息,如用户社交关系数据、签到行为的地理位置信息数据、用户-兴趣点评分矩阵等。这些信息能够帮助我们更好地拟合用户的兴趣爱好并且能够提升推荐系统的精确度,所以通过融合多源异构信息建模来进行兴趣点推荐是十分值得研究的。

5.4.1　SoGeoSco 建模过程

本小节在同时考虑社团聚类、签到行为的地理位置信息数据、用户-兴趣点评分数据的基础上,提出了一种新的兴趣点推荐模型:SoGeoSco(social geographical and score)。

兴趣点推荐系统的目标是为用户推荐其感兴趣的兴趣点,本小节通过计算用户对兴趣点的签到概率,并选择概率最大的 top N 兴趣点作为推荐列表返回给用户,从而达到了兴趣点推荐系统的目标。在本小节提出的 SoGeoSco 模型中,认为决定用户访问兴趣点的因素有两个,一个是距离,另一个是兴趣。对于距离,可通过对地理位置数据建模来度量。对于兴趣,又可分为个人兴趣和社交兴趣。从用户的历史评分数据中可以分析出该用户的兴趣偏好,因此本小节中个人兴趣可由用户-兴趣点评分矩阵挖掘得到;而用户对兴趣点的喜好容易受好友的影响,并且有相同爱好的人容易建立好友关系,因此本小节中的社交兴趣可由社交网络数据建模得到。

具体来说,通过朴素贝叶斯分类器(naive Bayes classifier,NBC)来对地理位置数据进行建模得到用户与兴趣点间的距离;通过利用前面提出的 CDCF 社团聚类算法来对社交关系数据以及签到评分数据建模得到用户对兴趣点的兴趣,其中,使用 CDPC 社团发现算法分别对用户社交好友关系(用户-用户好友关系矩阵)和用户的兴趣偏好(用户-兴趣点评分矩阵)进行聚类得到好友关系社团集合以及兴趣社团集合。最后使用一个具有鲁棒性的规则将多源异构数据融合起来得到 SoGeoSco 模型。SoGeoSco 模型基于社团聚类以及多源异构数据建模如图 5.7 所示。

5.4.1.1　用户与兴趣点间的距离建模

在本小节提出的 SoGeoSco 模型中,通过朴素贝叶斯分类器来对地理位置数据进行建模得到用户与兴趣点间的距离,其主要是基于目标用户整体的签到评分情况来对未签到的兴趣点进行概率计算。

1) 贝叶斯网络与朴素贝叶斯分类器

贝叶斯网络(Bayesian Networks)[92]又称有向无环图模型(directed acyclic

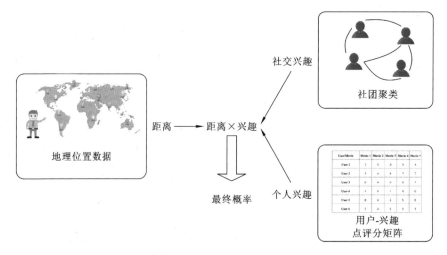

图 5.7　SoGeoSco 模型基于社团聚类以及多源异构数据建模图

graphical model),是一种概率图模型,它是基于概率推荐的图形化网络,能够通过一些变量的信息来推断其他概率信息,从而解决不定性和不完整性问题。贝叶斯网络主要由两个成分定义,即有向无环图和条件概率表。有向无环图中的节点代表随机变量,有向边代表变量间的相关关系,条件概率表示相关程度。

朴素贝叶斯分类器是一种基于贝叶斯定理的概率分类算法。贝叶斯定理是关于随机事件和条件概率的一个数学定理,设 A 是数据元组,且有 n 个属性值$(a_1, a_2, \cdots, a_n)$,若 $P(A|B)$ 表示在事件 B 已经发生的前提下,事件 A 发生的概率,则基本求解公式为

$$P(A|B) = \frac{P(AB)}{P(B)} \tag{5.8}$$

贝叶斯定理打通了从 $P(A|B)$ 获得 $P(B|A)$ 的道路:

$$P(B|A) = \frac{P(A|B)P(B)}{P(A)} \tag{5.9}$$

朴素贝叶斯定理假设各个特征属性是条件独立的,因此可以得到:

$$P(A|B) = \prod_{i=1}^{n} P(a_i|B) = P(a_1|B) \times P(a_2|B) \times \cdots \times P(a_n|B) \tag{5.10}$$

2) 基于朴素贝叶斯分类器的地理位置数据建模

根据地理学第一定律,结合实际场景,可以推测出用户往往存在以下两种行为:①倾向于前往距离自己住所以及办公地点比较近的兴趣点;②倾向于前往过去已访问过的兴趣点周围的其他兴趣点。

　　这其实很好理解,一个用户的签到行为不光受用户的兴趣偏好影响,同样受到他与兴趣点间的地理距离的影响。Ye 等[93]针对 Foursquare 和 Gowalla 数据集进行了空间分析,研究发现用户通常在距离自己住所较近的兴趣点签到并且两个连续签到兴趣点之间的距离一般较近。[94]这种现象说明用户倾向于前往过去已访问过的兴趣点周围的其他兴趣点,也就是说附近的兴趣点有更强的吸引力,也就因此形成了用户签到的兴趣点呈现出类簇的现象。

　　对某一用户来说,把其已签到的兴趣点作为一个类簇,那么在向该用户推荐新的兴趣点时就可以转化为新兴趣点的分类问题,此时要分配的类别只有一个,同时要推荐的新兴趣点数量众多,因此可以使用朴素贝叶斯算法计算新的兴趣点属于目标类别的概率,然后选择概率值最大的 top N 个兴趣点推荐给用户。

　　由图 5.8 可以看出,用户在他的住所和工作地点周围都有签到行为,根据待推荐兴趣点与已签到兴趣点集合的距离进行概率转换,从而使用朴素贝叶斯分类器,可以向用户推荐合适的兴趣点。

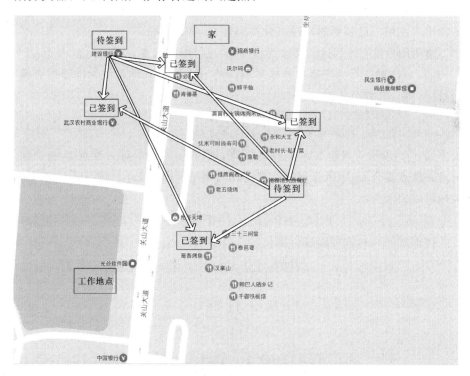

图 5.8　朴素贝叶斯分类器在兴趣点推荐中的应用

设 L_i 是用户 u_i 已经签到的兴趣点集合,且为一个分类集合。$\Pr[L_i]$ 是用户 u_i 在兴趣点集合 L_i 中所有兴趣点都签到的概率。可认为此概率与兴趣点间的距离有关,因此 $\Pr[L_i]$ 的计算公式可定义为

$$\Pr[L_i] = \prod_{l_m, l_n \in L_i \wedge m \neq n} \Pr[d(l_m, l_n)] \tag{5.11}$$

式中:$d(l_m, l_n)$ 代表兴趣点 l_m 和兴趣点 l_n 间的距离。Yelp 以及 Foursquare 数据集的签到数据都包括了兴趣点的经纬度信息。刘树栋等[95]说明了计算两个 GPS 经纬度坐标之间的距离应使用大圆距离(great circle distance)公式。定义兴趣点 l_m 的坐标为 $(\text{lat}_m, \text{lon}_m)$,兴趣点 l_n 的坐标为 $(\text{lat}_n, \text{lon}_n)$,则可根据大圆距离公式计算 $d(l_m, l_n)$。

由经验可知,当 $d(l_m, l_n)$ 越小时,用户签到的概率越大,即 $\Pr[d(l_m, l_n)]$ 越大,因此根据此反比关系,可得如下公式:

$$\Pr[d(l_m, l_n)] = \frac{1}{d(l_m, l_n)} \tag{5.12}$$

对于一个给定的待推荐兴趣点 l_j,可以使用朴素贝叶斯分类算法求得其可能出现在用户已签到的兴趣点分类集合 L_i 中的概率。

遍历用户没有签到过的兴趣点集合 $(L - L_i)$ 中的元素,计算 $\Pr[l_j | L_i]$ $(l_j \in L - L_i)$,对结果进行排序后选择概率最高的 top N 个兴趣点作为推荐列表推送给用户 u_i,计算公式为

$$\Pr[l_j | L_i] = \frac{\Pr[L_i | l_j] \Pr[l_j]}{\Pr[L_i]} \tag{5.13}$$

式中:$\Pr[l_j]$ 表示对兴趣点 l_j 签到的概率;$\Pr[L_i | l_j]$ 表示对兴趣点 l_j 签到同时对兴趣点集合 L_i 中所有兴趣点都签到的概率。因此 $\Pr[l_j]$ 和 $\Pr[L_i | l_j]$ 的乘积可以表示为

$$\Pr[l_j] \cdot \Pr[L_i | l_j] = \Pr[L_i \bigcup l_j] \tag{5.14}$$

接着式(5.14)就可以进行简化:

$$
\begin{aligned}
\Pr[l_j | L_i] &= \frac{\Pr[L_i | l_j] \Pr[l_j]}{\Pr[L_i]} = \frac{\Pr[L_i \bigcup l_j]}{\Pr[L_i]} \\
&= \frac{\Pr[L_i] \cdot \prod_{l_y \in L_i} \Pr[d(l_j, l_y)]}{\Pr[L_i]} \\
&= \prod_{l_y \in L_i} \Pr[d(l_j, l_y)] = \prod_{l_y \in L_i} \frac{1}{d(l_m, l_n)}
\end{aligned} \tag{5.15}
$$

在一般情况下,用户的待推荐兴趣点数量众多,因此要防止 $\Pr[l_j | L_i]$ 向下溢出,故对式(5.15)的结果取对数,得到如下公式:

$$\Pr'[l_j \mid L_i] = \sum_{l_y \in L_i} \log \frac{1}{d(l_j, l_y)} \tag{5.16}$$

又因为当 $d(l_j, l_y) > 1$ km 时，$\Pr'[l_j|L_i]$ 的数值会变为负数，所以可以对其进行标准化，设计一个标准化公式，可以保证标准化之后的概率范围为 $[0,1]$。

至此，通过引入朴素贝叶斯分类器对地理位置数据建模，设计出了用户 u_i 对兴趣点 l_j 的签到概率公式为

$$p_D(u_i, l_j) = \frac{\Pr'[l_j|L_i] - \min_{l_j \in (L-L_i)}\{\Pr'[l_j|L_i]\}}{\max_{l_j \in (L-L_i)}\{\Pr'[l_j|L_i]\} - \min_{l_j \in (L-L_i)}\{\Pr'[l_j|L_i]\}} \tag{5.17}$$

式(5.17)求解的访问概率 $p_D(u_i, l_j)$ 就是用户与兴趣点间距离的度量。

5.4.1.2　用户对兴趣点的兴趣建模

用户对兴趣点的兴趣建模可以通过利用前面提出的 CDCF 社团聚类算法对好友关系数据以及签到评分数据建模得到。具体步骤如下。

（1）使用 CDPC 社团发现算法对用户社交好友关系（用户-用户好友关系矩阵）进行聚类得到好友关系社团集合，同时对用户的兴趣偏好（用户-兴趣点评分矩阵）进行聚类得到兴趣社团集合。

（2）从模型中取出包含目标用户 i 的那些好友关系社团集合 $C_{F(i)}$ 与兴趣社团集合 $C_{P(i)}$，并各自取并集。将同属于这两个社团集合的用户作为目标用户 i 的近邻集合 T_i'，再从中选取同用户 i 相似度最高的 k 个用户作为目标用户 i 最终的近邻集合 T_i。

（3）使用式(5.13)可以计算出目标兴趣点的预测评分，再对其进行归一化处理即可得到用户 u_i 对兴趣点 l 的签到概率，即用户对兴趣点的兴趣的度量。

$$p_I(u_i, l) = \left(\frac{\sum_{j \in T_i} w_{i,j}(r_{j,l} - \bar{r}_j)}{\sum_{j \in T_i} \|w_{i,j}\|} + \bar{r}_i \right) / r_{\max} \tag{5.18}$$

式中：$\bar{r}_i$ 表示目标用户 i 的平均评分；$\bar{r}_j$ 表示用户 j 的平均评分；T_i 表示用户 i 的近邻集合；$w_{i,j}$ 表示用户 i 和用户 j 间的相似度权重。最终得到的访问概率 $p_I(u_i, l)$ 就是用户与兴趣点间兴趣的度量，是个人兴趣与社交兴趣的综合权衡结果。

5.4.2　社团聚类与多源数据融合建模的 SoGeoSco 模型

通过集合多源异构信息,本小节给出了一个联合模型 SoGeoSco 来进行评级预测。

SoGeoSco 模型认为用户对兴趣点的访问概率由用户与兴趣点间的距离、用户对兴趣点的个人兴趣和社交兴趣这 3 个因素决定。具体来说,本小节通过引入朴素贝叶斯分类器来对地理位置数据进行建模得到用户与兴趣点间的距离,使用 CDCF 算法对社交关系数据以及用户-兴趣点评分数据综合建模得到用户对兴趣点的兴趣。在前面都已将其转换成概率的表示形式,故定义用户对兴趣点的最终访问概率公式为

$$p(i,l) = (1-\gamma)p_D(i,l) + \gamma p_I(i,l) \tag{5.19}$$

式中: $p_I(i,l)$ 表示用户 i 对兴趣点 l 感兴趣的概率大小,即用户对兴趣点的兴趣,其是个人兴趣与社交兴趣的统计结果; $p_D(i,l)$ 表示地理距离的影响概率; γ 用来调节用户与兴趣点之间的距离以及兴趣在概率计算中的比例大小。当 γ 等于 1 时,只有兴趣起作用,这时不需要对地理位置数据进行建模。当 γ 等于 0 时,只有距离起作用,这时不需要对个人兴趣以及社交兴趣进行建模。由此可见,当目标用户在 LBSN 系统中存在部分数据缺失时,模型依然可以在一定程度上维持推荐的稳定性,即具有良好的鲁棒性。

5.4.2.1　解决数据稀疏性问题

当兴趣点推荐系统中大多数兴趣点没有足够多的签到评分数据时,基于用户或者基于兴趣点的协同过滤算法求得的相似度不够精确,会导致推荐系统的精确度明显降低。但本章提出的 SoGeoSco 模型通过朴素贝叶斯分类算法来对地理位置数据进行建模,其主要是基于目标用户整体的签到情况来对未签到的兴趣点进行概率计算。因为算法只考虑目标用户自己的签到评分数据集合,其他用户签到数据集合的状况不会对其产生影响,所以用户-兴趣点签到矩阵的稀疏与否并不会对朴素贝叶斯的计算产生较大偏差,也就是说基于地理影响的朴素贝叶斯分类算法即使在数据极为稀疏的情况下也具有良好的推荐性能。

5.4.2.2　解决推荐实时性问题

SoGeoSco 模型在计算用户对兴趣点的兴趣概率时,使用的是 5.3 节提出的基于社团聚类的兴趣偏好建模算法 CDCF,该算法根据用户-兴趣点评分矩

阵以及用户-用户好友关系矩阵事先训练好兴趣社团集合以及好友关系社团集合这两个模型。

对于要进行推荐的目标用户,接下来只需要使用缩小后的近邻搜索空间中的数据,通过式(5.6)计算出预测评分即可获得推荐列表返回给用户,因此能够达到推荐实时性的目的。此种方法无疑会缺失一些精度,因为用户-用户好友关系矩阵以及用户-兴趣点评分矩阵很可能是实时变动的,可以为系统添加一个定时任务,系统每隔 3 h 自动重新建立一次模型,在较短的时间间隔内数据变动带来的推荐精度影响一般较小,但可以大大提高系统的响应速度,由此解决了推荐实时性问题。

5.4.2.3　解决数据多源异构性以及模型鲁棒性问题

SoGeoSco 模型在建模过程中是通过融合社团聚类数据、地理位置数据以及用户-兴趣点评分矩阵等多源异构数据来进行评级预测,并且为了保证兴趣点推荐算法在存在部分信息缺失的情况下仍能为用户提供较为精确的推荐服务,SoGeoSco 模型使用了一个具有鲁棒性的规则将上述多源异构数据融合起来。具体来说,在使用 CDCF 算法对用户的兴趣进行建模时,若用户没有历史评分记录,则不需要计算个人兴趣,可只根据好友关系社团确定近邻集合;若用户的好友集合为空,则不需要计算社交兴趣,可只根据兴趣社团确定近邻集合;若用户没有历史兴趣点签到记录,则可将式(5-19)中的参数 γ 设置为 0,即不需要为地理位置数据建模,可只根据用户对兴趣点的兴趣进行推荐。因此,在兴趣点推荐系统中的用户只能提供不全面的数据信息的情况下,SoGeoSco 兴趣点推荐模型的精度不会下降过大。

5.4.2.4　SoGeoSco 模型的实验设计与结果分析

这里通过与一些现有的主流兴趣点推荐模型进行比较,并在真实数据集上设计和执行一系列的实验来评测模型的性能,并且观察在部分信息缺失情况下 SoGeoSco 模型的表现。

1) 数据集

本实验使用的是 Yelp 数据集,主要使用的 Yelp 数据集中的社交关系数据、用户签到的地理位置数据以及用户-兴趣点评分矩阵部分见表 5.3～表 5.5,此部分示例如下。

表 5.3　社交关系数据

property	Yelp
User id	GLvO2J1Li9e2OTdhwecml9
Friends id	4ruEZElmU7w6zSwUJ3uXuf

表 5.4　地理位置数据

property	Yelp
Business id	btA5KQiA2NH2NBBz5JihoX
Full Address	3832J Indian School Rd Ste 371
Latitude	34.601325
Longitude	−109.835153

表 5.5　用户-兴趣点评分矩阵

property	Yelp
User id	BaNcuUk31gsmYEATYgbh1l
Business id	F1RlFaaWryKgcxSGExMMft
Stars	5

2) 实验环境及主流 LBSN 兴趣点推荐模型

本实验运行环境的配置具体如下：Intel(R)Core(TM)i7−4710MQ CPU @2.50GHz；16.0GB 内存，1.00TB 硬盘；Windows7 64 位操作系统。实验的算法使用 Eclipse4.4.2 编程实现并测试。

为了验证 SoGeoSco 模型的性能，这里选取了如下 3 个经典的模型进行对比。

（1）PMF：概率矩阵分解模型[96]。该模型目前在推荐系统中的应用非常广泛，其假设用户和兴趣点的隐式特征向量服从高斯先验分布，主要作用于用户-兴趣点评分矩阵，通过分解与学习预测缺失值。

（2）NMF：非负矩阵分解模型[97]。该模型在 PMF 模型的基础上对分解完成的矩阵加上非负的限制条件，比较符合特定场景的要求。

（3）CoRe。该模型基于鲁棒性规则融合了用户社交关系和地理因素，其中地理因素是基于核密度估计进行建模[93]。

3）评价指标

为了更加全面清晰地验证推荐模型的性能,使用准确率和召回率[98]这两个广泛使用的评测指标来验证。准确率是指正确为用户推荐的兴趣点数量占推荐兴趣点总数的比率,衡量的是推荐算法的精确度。召回率是指正确为用户推荐的兴趣点数量占用户访问过的兴趣点总数的比率,衡量的是推荐算法的查全率。

$$\text{Precision}@K = \frac{|S_{\text{visited}} \bigcap S_{K,\text{rec}}|}{K} \quad (5.20)$$

$$\text{Recall}@K = \frac{|S_{\text{visited}} \bigcap S_{K,\text{rec}}|}{S_{\text{visited}}} \quad (5.21)$$

式中:S_{visited}代表测试数据集中用户签到过的兴趣点集合;$S_{K,\text{rec}}$代表前 K 个被推荐的兴趣点集合。准确率和召回率的值是测试集中所有用户的平均值。

4）实验结果与分析

（1）标准情况下 SoGeoSco 模型实验。

在 SoGeoSco 模型中,使用 CDCF 算法对个人兴趣以及社交兴趣进行建模时,阈值 μ 选择前面实验得到的最优值 0.4。在调节距离和兴趣的影响比例时,使用交叉验证设置 γ 为 0.35。

由图 5.9 和图 5.10 可知,PMF 和 NMF 模型在指标上的表现不好,这是因为它们仅采用了评分作为模型的输入,因此并不能很好地描述用户的偏好,并且对于解决数据稀疏性以及冷启动问题有天然的弱点。CoRe 模型整合了用户社交关系和兴趣点地理因素,并没有考虑相关类别信息和评分信息,但其采用一个具有鲁棒性的规则而不是简单的线性加权来对用户的社交关系和地

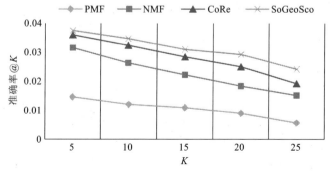

图 5.9 4 个模型在准确率指标上的效果对比图

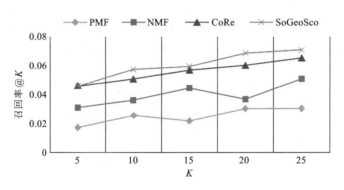

图 5.10   4 个模型在召回率指标上的效果对比图

理因素进行融合,同时对地理因素也进行基于核密度估计的建模,因此它体现出第二优秀的推荐精度。由于 SoGeoSco 模型同样使用一个具有鲁棒性的规则融合了地理位置因素、社交好友关系以及评分数据,能够更加细致地描述用户偏好,因此与其他 3 个对比算法相比,SoGeoSco 模型在准确率和召回率上有更优的表现。随着为近邻个数的增加,4 个模型准确率不断下降、召回率不断上升,这是由准确率和召回率的计算公式决定的。

(2) SoGeoSco 模型的鲁棒性分析。

兴趣点推荐系统中的数据经常会存在部分信息缺失的情况,此时模型在准确率和召回率上表现如何就体现了模型的鲁棒性,以下分三种情况介绍。

① ∗-GeoSco:在 SoGeoSco 模型中模拟缺失地理位置信息和用户-兴趣点评分矩阵信息的情况。

② ∗-Sco:在 SoGeoSco 模型中模拟缺失用户-兴趣点评分矩阵信息的情况。

③ ∗-So:在 SoGeoSco 模型中模拟缺失社交好友关系信息的情况。

其中,∗ 代表 SoGeoSco。

由图 5.11 和图 5.12 可以看出,几种去除了部分信息的简化模型在指标准确率和召回率上的表现都不如 SoGeoSco 模型好,这是因为当 LBSN 存在部分信息缺失时不能够良好地刻画用户的偏好。但还可以发现,去除了部分信息的模型与 SoGeoSco 模型相比,准确率和召回率的数值并没有大幅降低,仍保持了不错的推荐性能,说明 SoGeoSco 模型具有良好的鲁棒性。

(3) 基于相容类的预填补算法结合 SoGeoSco 模型实验。

CC-SoGeoSco(compatible class-SoGeoSco):首先对用户-兴趣点评分矩阵使用基于相容类的预填补算法进行预处理,然后通过 SoGeoSco 模型为用

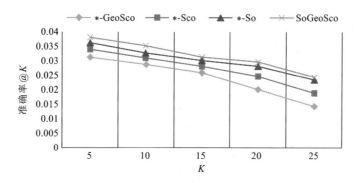

图 5.11　SoGeoSco 在准确率上的鲁棒性对比图

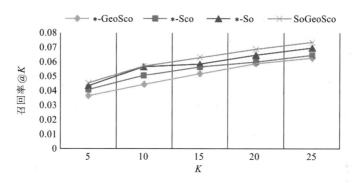

图 5.12　SoGeoSco 在召回率上的鲁棒性对比图

户进行推荐。

由图 5.13 和图 5.14 可以看出,近邻个数 K 的不同取值情况下,CC-SoGeoSco 模型比 SoGeoSco 模型在准确率和召回率指标上的表现基本都更加优秀,这是因为 CC-SoGeoSco 模型使用了基于相容类的预填补算法有效缓解了用户–兴趣点评分矩阵的稀疏性问题。

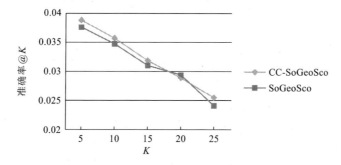

图 5.13　CC-SoGeoSco 与 SoGeoSco 在准确率指标上的效果对比图

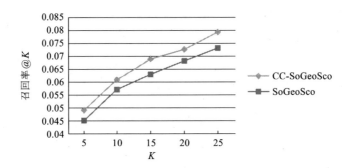

图 5.14　CC-SoGeoSco 与 SoGeoSco 在召回率指标上的效果对比图

第6章 基于用户行为的混合推荐方法

本章提出采用 ListWise 优化基于 SVD 的隐因子矩阵分解算法,解决了传统基于 SVD 的隐因子矩阵分解算法进行用户是否点击推荐视频时结果不理想的问题。接着将优化后的隐因子矩阵分解与基于用户的协同过滤算法采用线性加权方式进行混合推荐,并进一步将 ListWise 优化后的基于 SVD 的隐因子矩阵分解和基于用户的协同过滤算法应用到基于 Stacking 的混合推荐中[99,100]。

6.1 基于加权的混合模型

由于隐因子矩阵分解忽略了用户和物品本身自带的信息,因此本节采用 ListWise 优化基于矩阵分解算法的预测排序结果,并将优化后的矩阵分解算法与协同过滤采用线性加权[101]的方式进行基础的混合推荐。

6.1.1 基于 SVD 的矩阵分解模型

基于 SVD 的矩阵分解模型的主要思想是使用两个低轶矩阵的乘积去拟合原始的评分矩阵,因为基于 SVD 方法表明对于任意 $m \times n$ 的矩阵 A,都存在以下分解:

$$\underset{m \times n}{A} = \underset{m \times m}{U} \underset{m \times n}{\Sigma} \underset{n \times n}{V^{\mathrm{T}}} \tag{6.1}$$

由此可知,对于任意矩阵都存在一个 $\underset{m \times n}{A} = \underset{m \times m}{U} \underset{m \times n}{\Sigma} \underset{n \times n}{V^{\mathrm{T}}}$ 的分解形式,那么对于任意的评分矩阵 $\underset{U \times I}{R}$ 也可以使用 SVD 的方法将其分解为两个矩阵 P、Q 的乘积形式。用户 u 对物品 i 的评分 $\hat{r}_{ui}$ 可以通过以下两个向量点乘的形式表示:

$$\hat{r}_{ui} = q_i^{\mathrm{T}} p_u \tag{6.2}$$

式中:p_u 为用户向量;q_i 为物品向量。这构建了矩阵分解模型的主要表达形式。而基于 SVD 的隐因子矩阵分解模型算法的伪代码如算法 6.1 所示。

算法 6.1　基于 SVD 的矩阵分解模型算法

输入:随机初始化的 p_u、q_i。

输出:p_u、q_i,p_u 为用户向量,q_i 为物品向量。

1. 使用 $x_n \sim N(0,1)$ 随机初始化 p_u,q_i

2. while not converge:

3. 计算损失函数 $L(D)$

4. or u= 1 to U:

5. $p_u^{n+1} \leftarrow p_u^n - \eta(e_{ui}q_i - \lambda p_u^n)$　　//用户向量的随机梯度下降迭代公式

6. end for

7. for i= 1 to I:

8. $q_i^{n+1} \leftarrow p_i^n - \eta(e_{ui}p_u - \lambda q_i^n)$　　//物品向量的随机梯度下降迭代公式

9. end for

10. end while

11. return p_u,q_i　　　　　//已经训练完成的用户向量和物品向量

由算法 6.1 可以看出,基于 SVD 的隐因子矩阵分解模型主要就是训练用户向量 p_u 和物品向量 q_i 的过程。为了能够训练用户向量 p_u 和物品向量 q_i,定义如下损失函数:

$$L(D) = \sum_{(u,i) \in k} (r_{ui} - q_i^{\mathrm{T}} p_u)^2 + \frac{\lambda}{2}(\| p_u \|_2^2 + \| q_i \|_2^2) \qquad (6.3)$$

式中:D 为整个训练数据集;λ 表示惩罚项来避免过拟合;r_{ui} 为用户 u 对物品 i 的评分;p_u 为 P 矩阵中用户 u 的隐式向量;q_i 为 Q 矩阵中物品 i 的隐式向量;$\| p_u \|_2^2$ 与 $\| q_i \|_2^2$ 为 L2 惩罚项。对 p_u、q_i 求偏导可得

$$\frac{\partial L(D)}{\partial p_u} = -e_{ui}q_i + \lambda p_u$$

$$\frac{\partial L(D)}{\partial q_i} = -e_{ui}p_u + \lambda q_i$$

$$e_{ui} = r_{ui} - q_i^{\mathrm{T}} p_u \qquad (6.4)$$

式中:e_{ui} 为预测值与真实值的误差。所以由式(6.4)就可以得到伪代码中的 p_u、q_i 随机梯度下降的迭代公式:

$$p_u^{n+1} \leftarrow p_u^n - \eta(e_{ui}q_i - \lambda p_u^n) \qquad (6.5)$$

$$q_i^{n+1} \leftarrow p_i^n - \eta(e_{ui}p_u - \lambda q_i^n) \qquad (6.6)$$

式中:η 为训练时 SGD 的迭代补偿。本节将根据式(6.5)和式(6.6)迭代更新 p_u、q_i,直到算法收敛或者损失值到达系统的需要。迭代补偿 η 以及惩罚项参数 λ 是两个全局参数需要进行调参,同时需要定义用户以及物品向量的维度。

6.1.2　ListWise 优化后的矩阵分解模型

在推荐系统中,推荐预测结果的排序非常重要,所以本节使用 ListWise 去优化矩阵分解模型(ListWise-Rank MF),以得到最优的排序结果。ListWise-Rank MF 的两大关键构件是概率性矩阵分解模型与 top-one 概率表达式。本小节将分别对这两大关键构件进行介绍,并通过损失函数与最优解优化迭代公式来介绍 ListWise-Rank MF。

6.1.2.1　概率性矩阵分解模型

Salakhutdinov 等首先提出了 PMF。PMF 与传统的矩阵分解模型不同的是,它融合了已知评分、评分优先级和用户所评分物品优先级这些信息的条件概率分布,最终的模型表达式为

$$U,V = \mathrm{argmin}_{u,v} \frac{1}{2} \sum_{i=1}^{M} \sum_{j=1}^{N} I_{ij} [R_{ij} - g(U_i^{\mathrm{T}} V_j)]^2 + \frac{\lambda_u}{2} \parallel U \parallel_F^2 + \frac{\lambda_v}{2} \parallel V \parallel_F^2$$

$$(6.7)$$

假设用户评分矩阵 R 由 M 个用户和 N 个物品组成。PMF 将用户评分矩阵 R 表示为两个低秩矩阵 U、V,U、V 可以使用一个 d 维的隐式特征集合来进行行表述。式(6.7)中,U_i 表示用户 i 的 d 维隐式特征向量;V_j 表示物品 j 的 d 维隐式特征向量;R_{ij} 表示用户 i 对物品 j 的评分;I_{ij} 为启发式函数,当 $R_{ij} > 0$ 时其值为 1,反之为 0;λ_u 与 λ_v 为惩罚项系数;$g(x)$ 通常为逻辑函数来限定 $U_i^{\mathrm{T}} V_j$ 值的范围。例如,通常选取 $g(x)$ 为

$$g(x) = 1/(1 + \exp(-x)) \tag{6.8}$$

6.1.2.2　top-one 概率表达式

式(6.7)阐释了一个被推荐系统认为用户点击概率为 R_{ij} 的视频,在推荐系统给用户 u 产生的推荐列表(一共产生 K 个推荐)中,排在第一的概率为

$$P(R_{ij} = 1^{\mathrm{st}}) = \frac{\varphi(R_{ij})}{\sum_{k}^{K} \varphi(R_{ik})} \tag{6.9}$$

式中:φ 为一个在实数集上严格为正且单调递增的函数。综合实现难度以及计算复杂度考虑,这里选择了指数函数作为 φ 的封装。

3) List-Wise Rank MF

List-Wise Rank MF 损失函数抽象出了对于训练集中每一个商品排在给

用户推荐列表中最高概率的最小熵模型。为了防止过拟合，这里加入了
Frobenius 范式形式的惩罚项。最后的数学表达形式为

$$\text{Loss}(U,V) = \sum_{i=1}^{M} \left\{ - \sum_{j=1}^{N} I_{ij} \frac{\exp(R_{ij})}{\sum_{k} I_{ik} \exp(R_{ik})} \log \frac{\exp(U_i^{\mathrm{T}} V_j)}{\sum_{k} I_{ik} \exp(g(U_i^{\mathrm{T}} V_j))} \right.$$

$$\left. + \frac{\lambda}{2} (\| U \|_F^2 + \| V \|_F^2) \right\}$$

$$(6.10)$$

模型最后的输出为特定用户的一个推荐列表，推荐列表中的物品排序按
照 $U_i^{\mathrm{T}} V_j$ 的值降序排序。式(6.10)中所有参数的定义与概率性模型中式(6.7)
的定义一致。

该损失函数反映了预测排序与真实推荐排序中的不确定性，模型的最优
解应该呈现出预测排序与真实推荐排序中不确定性最小时的排序。List-
Wise Rank MF 没有针对用户对物品的评分进行优化，而是对用户的推荐列
表中的物品所在位置进行优化。由于损失函数对于 U、V 来说是非凸的，这里
采用随机梯度下降方法交替固定 U、V 并更新达到最优解。$\text{Loss}(U,V)$ 对于
U、V 的梯度下降表达式为

$$\frac{\partial \mathcal{L}}{\partial U_i} = \sum_{j=1}^{N} I_{ij} \left\{ \frac{\exp(g(U_i^{\mathrm{T}} V_j))}{\sum_{k=1}^{N} I_{ik} \exp(g(U_i^{\mathrm{T}} V_k))} - \frac{\exp(R_{ij})}{\sum_{k=1}^{N} I_{ik} \exp(R_{ik})} \right\} g'(U_i^{\mathrm{T}} V_j) V_j + \lambda U_i$$

$$(6.11)$$

$$\frac{\partial \mathcal{L}}{\partial V_j} = \sum_{j=1}^{N} I_{ij} \left\{ \frac{\exp(g(U_i^{\mathrm{T}} V_j))}{\sum_{k=1}^{N} I_{ik} \exp(g(U_i^{\mathrm{T}} V_k))} - \frac{\exp(R_{ij})}{\sum_{k=1}^{N} I_{ik} \exp(R_{ik})} \right\} g'(U_i^{\mathrm{T}} V_j) U_i + \lambda V_j$$

$$(6.12)$$

式中：$g'(x)$ 为 $g(x)$ 的一阶导数。

考虑到用户评分矩阵的稀疏性，损失函数(6.10)的时间复杂度为 $O(2dS +
d(M+N))$。其中，$S$ 为用户评分矩阵中所得到的评分数；d 为隐式特征向量
维度；M、N 分别为用户和物品个数。式(6.11)和式(6.12)的时间复杂度分别
为 $O(2dS + dM)$ 与 $O(dS + pdS + dN)$，通常有 S 远大于 M，N。单次迭代中
总时间复杂度为 $O(dS + pdS)$，所以可知时间复杂度是与用户评分矩阵中评
分个数呈线性相关的。

6.1.3　基于用户的协同过滤模型

在基于用户的协同过滤（User based CF）算法中主要就是用户之间相似度的计算。度量相似度主要有三种方式：余弦相似度、皮尔逊相关系数和jaccard 相似度公式。

目前业界应用最广泛的相似度计算方式是利用皮尔逊相关系数计算两个用户之间的相似度。皮尔逊相关系数也是常用的向量之间相似度的计算方式。皮尔逊相关系数的相似度计算方式为

$$\text{sim}(u,v) = \frac{\sum_i (r_{u,i} - \bar{r}_u)(r_{v,i} - \bar{r}_v)}{\sqrt{\sum_i (r_{u,i} - \bar{r}_u)^2} \sqrt{\sum_i (r_{v,i} - \bar{r}_v)^2}} \qquad (6.13)$$

式中：$\text{sim}(u,v)$ 表示用户 u、v 之间的相似度；$r_{u,i}$ 表示用户 u 对于物品 i 的评分；$\bar{r}_u$ 表示用户 u 打出的所有评分的均值；$r_{v,i}$ 表示用户 v 对物品 i 的评分；$\bar{r}_v$ 表示用户 v 打出的所有评分的均值。在计算用户之间的相似性后，需要在一定的条件下选择出与目标用户相似的用户集合。确定相似用户集主要有两种方法：通过设定最接近用户数 k 作为最接近用户集合、固定邻值。

对于指定的用户 u，本节采用固定邻值的方法通过上述计算相似度的公式得到用户 u 的近邻 $N(u)$。

用户 u 对于视频资源 i 的喜欢程度的度量公式为

$$\text{pred}(u,i) = \bar{r}_u + \frac{\sum_{v \in N(u)} \text{sim}(u,v)(r_{v,i} - \bar{r}_v)}{\sum_{v \in N(u)} \text{sim}(u,v)} \qquad (6.14)$$

式中：$\text{sim}(u,v)$ 表示用户 u、v 之间的相似度，可以由式（6.13）计算得出；$r_{v,i}$ 表示用户 v 对物品 i 的评分；$\bar{r}_v$ 表示用户 v 打出的所有评分的均值。

User based CF 算法伪代码如算法 6.2 所示。

算法 6.2　User based CF 算法

输入：用户-物品评分矩阵 R，近邻值 K，用户集合 V，用户 u，物品 i。

输出：预测用户 u 对物品 i 的评分 $\text{pred}(u,i)$。

```
1. for vᵢ in v:
2.    使用式(6.13)计算用户 v 与用户 u 的相似度 sim(u,v)
3.    初始化 sim_numerator= 0, sim_denominator = 0
4.    for vᵢ in N(u):
```

```
5.     初始化 r̄ᵥ= 0          //用户 v 打出的所有评分的均值
6.     for k in lₖ:          //lₖ为用户vᵢ所有评过分的物品集合
7.        r̄ᵥ= r̄ᵥ+ rᵥ,ₖ      //rᵥ,ₖ表示用户 v 对物品 k 的评分
8.     end for
9.     r̄ᵥ= r̄ᵥ/num(lₖ)
10.    sim_numerator =sim_numerator +sim(u,v)* (rᵥ,ᵢ- r̄ᵥ)
11.    sim_denominator=sim_denominator +  sim(u,v)
12.    end for
13.    初始化 r̄ᵤ=0
14.    for k in lₘ:          //lₘ用户 u 所有评过分的物品集合
15.       r̄ᵤ=r̄ᵤ+rᵤ,ₖ
16.    end for
17.    r̄ᵤ= r̄ᵤ/num(lₘ)
18.    使用式(6.14)计算 pred(u,i)
19. end for
20. return pred(u,i)
```

上述伪代码中,采用皮尔逊相关系数计算方式来计算两个用户之间的相似度,$N(u)$为使用优先队列数据结构得出 K 个相似度最高的用户近邻集合,

sim_numerator 为式（6.14）中 $\dfrac{\sum_{v\in N(u)} \text{sim}(u,v)*(r_{v,i}-\bar{r}_v)}{\sum_{v\in N(u)} \text{sim}(u,v)}$ 的分子,sim_denominator 为分母。

对于采用皮尔逊相关系数计算相似度的协同过滤算法,时间复杂度为 $O(m^2n)$。其中,m 为用户数量,n 为商品数量,在算法的实现过程中本节主要采用的是 GraphLab 工具包中封装的基于用户相似度的协同过滤算法。

6.1.4　线性加权混合

本小节采用最基础的线性加权混合方式对 ListWise-Rank MF 和 User based CF 两个模型进行混合。混合评分的表达式为

$$\hat{r}_{\text{final}}=\alpha\hat{r}_{\text{MF}}+(1-\alpha)\hat{r}_{\text{CF}} \tag{6.15}$$

式中:$\hat{r}_{\text{MF}}$表示 ListWise-Rank MF 模型得出的评分值;$\hat{r}_{\text{CF}}$表示 User based CF 算法得出的评分值;$\hat{r}_{\text{final}}$为模型最终预测评分。通过实验,本章将 α 固定为

0.85,并将该混合模型作为本章的基线模型。

6.2　基于 Stacking 的混合推荐

为了进一步提高推荐预测的准确度以及增强推荐模型的泛化能力,基于 6.1 节所述的基于加权的混合模型,本节提出采用 Stacking 算法进行混合推荐。

Stacking 算法的理念为先从初始数据集中训练出多个不同的模型[102],然后以之前训练的各个模型产生的输出作为新数据集用于训练次级学习器[103],以得到一个最优的输出结果。在新数据集中,初级学习器的输出为样例输出,初始数据集的标记仍为样例标记。Stacking 算法模型如图 6.1 所示。在本节中以原始数据集加上训练初级学习器所产生的输出作为次级学习器的输入。

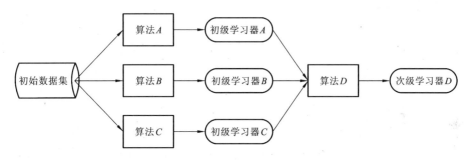

图 6.1　Stacking 算法模型图

在图 6.1 中,A、B、C、D 分别代表四种不同的算法,前三种算法经过训练后作为初级学习器,算法 D 作为次级学习器,所以对 Stacking 算法的研究主要就是针对其中所采用算法的研究。本节使用的 Stacking 算法伪代码如算法 6.3 所示。

算法 6.3　Stacking 算法

输入:训练集 $M = \{ (x_1, y_1), (x_2, y_2), \cdots, (x_m, y_m) \}$;
　　　初始学习器算法 $\xi_1 = A, \xi_2 = B, \xi_3 = C$;
　　　次级学习器算法 $\xi_4 = D$。
输出:$H(x)$。

---

1. for　i = 1,2,3 do
2. 　h$_t$ = ξ_i(M)

```
3. end for
4. for  I = 1,2,…,m do
5.     for  t = 1,2,…,3 do
6.        z_it = h_t (x_i)
7.     end  for
8.     M′ = M∪((z_i1,z_i2,z_i3,…,z_iT),y_i)   //M′为初始训练集、预测集的并集
9. end for
10. h′= ξ_4 (M′)
11. H(x)= h′(h_1(x),h_2(x),h_3(x))
12. return H(x)
```

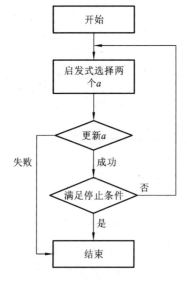

图 6.2　SMO 算法流程图

6.2.1　初级学习器选择

在初级学习器的选择过程中,本小节首先考虑的初级学习器是支持向量机(support vector machine,SVM),因为用户是否点击推荐的视频是一个二分标签(binary label),这就是一个强分类的模型,所以可以用训练集所训练的模型对待预测数据进行粗略分类。而对于 SVM,本节所做的主要工作就是找到对用户进行分类时的最优分类函数即最优超平面[104]。

本节主要采取序列最小优化(sequential minimal optimization,SMO)算法[105] 对 SVM 进行训练和优化。SMO 算法流程如图 6.2 所示。

在推荐系统中,本小节使用开源 LIBSVM 工具包作为 SVM 模型的基础。使用该 SVM 模型来根据用户的历史行为对用户进行分类,将 240000 条训练数据抽象为一个 240000×17 的矩阵<X,Y>,X 为含有 16 个特征的特征向量,Y 为标签值。通过训练 SVM 模型找到分类该高维空间的超平面来进行基础推荐预测。

ListWise-Rank MF 和 User based CF 为传统商用推荐系统中的经典算法,而且实验证明这两种算法混合后的推荐预测效果远高于单个算法,所以本

小节也采用这两种算法作为初级学习器来提高基于 Stacking 混合推荐的推荐预测精准度。

综上所述,本节选取 SVM、ListWise-Rank MF 和 User based CF 作为初级学习器。

6.2.2　次级学习器选择

近十年,随着高性能计算资源的普及以及计算速度的飞速发展,以 BP 神经网络为主要方法的深度学习逐渐成为人工智能的新武器,BP 神经网络有着传统统计类机器学习算法无法比拟的优点,例如,对数据中的噪声有极强的鲁棒性及容错能力[106]、对复杂的非线性关系有优秀的拟合能力[107],而且对于分布式加速有着天然的友好度[108]。基于这些优点,本节选取 BP 神经网络作为次级学习器。

在计算机科学领域的定义中,BP 神经网络是神经元的一种图模型。神经元在 BP 神经网络中作为一个有向无环图(directed acyclic graph,DAG)的节点连接在一起。每一个神经元(节点)的输出都可以作为另一个节点的输入。单隐藏层和多隐藏层的 BP 神经网络结构如图 6.3 所示。

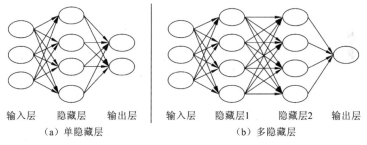

输入层　　隐藏层　　输出层　　　　　输入层　　隐藏层1　　隐藏层2　　输出层
（a）单隐藏层　　　　　　　　　　（b）多隐藏层

图 6.3　神经网络结构示意图

本章研究的推荐系统中,隐藏层的激励函数采用 ReLu。输出函数采用 Sigmoid,因为相比于另外两种函数,Sigmoid 输出值为 0～1 的数,该值可以用来作为用户是否点击的概率。

本章采用谷歌开源的 TensorFlow 深度学习框架实现了单隐藏层的神经网络,并将独立推荐模块单个模型对训练集预测的结果作为新的特征加入训练集中作为输入,采用格点搜索进行调参。

综上所述,本章采用 SVM、ListWise-Rank MF、User based CF 作为 Stacking 算法中的初级学习器,BP 神经网络作为次级学习器。首先用已经划分好的训练集去训练 ListWise-Rank MF、User based CF 算法和 SVM 算法,并针对原训练集进行初步的预测,然后把单隐藏层神经网络作为次级学习器,并用原始数据集加上初级学习器的预测数据对单隐藏层神经网络进行训练。

6.3　实验设计与结果分析

6.3.1　实验评价指标

评价一个推荐模型质量常用的指标是直接的准确率、召回率,但是准确率不一定具有很好的相关性。在本章中,推荐可以当作一个排序任务,从相关性的视角来对推荐系统进行评价。这表示系统主要感兴趣的是一个相对较少的项,系统认为这些项最相关并把它们呈现给用户,这也就是 top N 推荐,如何评价这个推荐列表的好坏就是实验的评价标准了。作者认为对推荐列表的评价主要有以下两点:

(1) 把用户最感兴趣的结果放到排名最靠前的位置,因为很多用户的习惯就是从上往下开始浏览;

(2) 整个列表都和用户的兴趣相关。

现在两个比较流行的排名指标是 NDCG 和平均查准率的平均值(mean average precision,MAP),NDCG 表示归一化折损累计增益,MAP 表示平均精度均值。MAP 是反映系统在全部相关文档上性能的单值指标,而 NDCG 允许系统以实数形式为预测值进行相关性打分,而对于推荐系统,关注的推荐预测结果只是排名靠前的项。在本节设计的实验中,在用训练集对模型进行训练后,用测试集对模型性能进行检测,检测的标准为训练后模型给出的预测集与测试集中真实列表的重合度的大小,预测集和测试集重合度越高,NDCG 的值就越大;重合度越低,NDCG 的值越小。所以本节采用 NDCG 作为推荐系统中推荐预测结果的衡量指标。在 NDCG 中,对于排在 n 处的 NDCG 的计算公式为

$$N(n) = \frac{Z_n \sum\limits_{j=1}^{n} (2^{r(j)} - 1)}{\log(1 + j)} \tag{6.16}$$

式中:$r(j)$ 是第 j 个物品的级别。本节中,将推荐的物品一共分为了 5 个级别。

6.3.2　数据集选取与处理

6.3.2.1　数据集的选取与描述

用户点击数据集采用今日头条人工智能实验室公开的基于真实工业场景

的数据集,数据集包括用户数据、视频数据和视频推送记录等三类数据,即该数据集可描述为如表 6.1 所示。

表 6.1　数据集描述

用户数据	信息包括用户 ID、用户数据标签、用户文字描述
视频数据	信息包括视频 ID、视频描述、视频分类、总观看数、收藏数、视频总点赞次数
视频推送记录	信息包括视频 ID、用户 ID、该用户是否点击观看了该视频的标记

本节首先对用户数据进行处理,处理方式如表 6.2 所示。

表 6.2　处理后的用户数据集描述

用户 ID	用户的数据库全局 ID
词 ID 化序列	将用户的描述文本删除语气词并进行分词,再将分词之后的每个词用一个 ID 替换。例如,一位用户描述文本为"喜欢动作片和喜剧片的老青年",可转化为词序列 7098/123/234/431/5023,其中,7098 表述词"喜欢",431 表述词"喜剧片"
字 ID 化序列	将用户的描述文本删除语气词并进行分词,再将分词之后的每个字用一个 ID 替换,每个字的 ID 都是唯一存在的。例如,一位用户描述文本为"喜欢动作片和喜剧片的老青年",可转化为字序列 296/291/33/34/1198/453/60/36/456/640/34/1199,其中,296 代表"喜",1199 代表"年"

其次对视频数据集进行处理,在处理后的视频数据中,有 7 个属性,如表 6.3 所示。

表 6.3　处理后的视频数据集

视频 ID	视频资源的数据库全局 ID
视频标签	视频分类信息,如 4 表述喜剧
词 ID 化序列	同用户数据中的词 ID 化序列
字符 ID 化序列	同用户数据中的字符 ID 化序列
点赞数	视频总的点赞数,可以反映视频的热门程度
观看数	视频最终的观看数,可以表明视频的热门程度
收藏数	视频最终有多少收藏数

最后对视频推送记录数据集进行处理,处理后的视频推送记录数据集如表 6.4 所示。

表 6.4　视频推送记录数据集

视频 ID	视频 ID
用户 ID	用户 ID
Tag	用户是否观看的标签值(0 表示忽略未看,1 表示观看)

本节以 24 万条视频推送数据作为训练集,并划分验证集和测试集来验证系统模型算法的准确度。

6.3.2.2　数据一致处理

本章在处理数据中发现存在着不一致数据,例如,存在两条推送数据,同样的视频 ID 以及用户 ID,一条数据中用户是否观看的 Tag 为 0,另一条为 1,这在往日课堂或者实验中所经历的机器学习数据中是完全没有的。后来逐渐意识到由于采用的数据是完全真实场景的数据,很有可能会产生不一致的数据。以该数据集为例,这两条数据表明真实环境中,系统第一次的视频推送被用户忽略,第二次相同的推送被用户点击观看。对于 1836 条不一致的数据,本节全部采用平滑处理方式,将两条数据合并为一条并将用户是否观看的标签值变为 0.5。

6.3.2.3　数据正则化及异常数据处理

对于点赞数、观看数以及收藏数,本节剔除了极偏离均值的数据,并且对这三类数据进行了正则化处理,正则化公式为

$$x_{\mathrm{normnd}} \leftarrow \frac{x_{nd} - \dfrac{1}{N}\sum_{N} x_{nd}}{\sqrt{\dfrac{1}{N-1}\sum_{N}(x_{nd} - \bar{x}_d)^2}} \tag{6.17}$$

式中:x_{normnd} 为正则化后特征空间内 d 维第 n 个特征值;x_{nd} 为特征空间内 d 维第 n 个特征值;$\bar{x}_d$ 为特征空间内 d 维的均值,且

$$\bar{x}_d = \frac{1}{N}\sum_{N} x_{nd} \tag{6.18}$$

对点赞数、观看数以及收藏数正则化是因为一开始并不知道这 3 个特征哪一个对推荐结果的影响是比较大的,例如,当一个视频的观看次数在 100 000 时,它的收藏数如果为 10,那么收藏数相比于观看次数就显得微不足道,在用它来对用户是否点击预测时就很难考虑到收藏数这个特征。而经过正则化之后,

点赞数、观看数以及收藏数这 3 个特征,每一个的数量值都为 0~1,系统在使用它们进行推荐时的基本权重都是一样的,这样就增加了系统的可靠性,使它的推荐更符合常理。

6.3.3　实验环境

本节中所有实验模型的训练都是在谷歌云上配置的虚拟机上完成。具体参数配置如下。

(1) 操作系统:Ubantu 14.04 LTS。

(2) 处理器:32 核,Intel Xeon E5-2697v2@ 2.4GHz。

(3) 内存:60 GB。

(4) 显卡:Nvida Tesla K40。

(5) 编程语言:C++。

(6) 数据库:SQL Server 2012。

将实验数据集按照 8∶1∶1 的比例划分离线模型训练集、验证集和测试集。训练集用来训练本文的算法模型,验证集对模型的性能进行检验和调整,测试集对模型的性能进行测试。最后采用 NDCG@5 来衡量模型预测排序和真实排序之间的差别,NDCG@5 值越大,说明模型的预测排序与真实排序越接近。再采用 RMSE 来衡量预测排序和真实排序之间的偏差,RMSE 值越小,说明预测排序和真实排序之间的偏差越小。

6.3.4　实验设计与分析

在实验设计阶段,本小节分别用不同的参数去测试前面所述的算法模型,具体实验如下。

(1) User based CF 实验。在对 User based CF 的测试中,测试的参数是最大近邻值。用测试集对该模型的预测集进行评价,结果采用 NDCG@5 和 RMSE 进行输出,结果如图 6.4 所示。

由图 6.4 可以看出,在 User based CF 测试过程中,最好的效果是在近邻值为 20 时达到的,所以在把 User based CF 作为初级学习器训练的过程中,本小节也把其最大近邻值设置为 20,以达到最好的拟合效果。

(2) 基于 SVD 隐因子矩阵分解算法实验。在对基于 SVD 隐因子矩阵分解模型进行测试中,测试的参数是 alpha(本小节中矩阵 P 的惩罚项)、beta(本小节中矩阵 Q 的惩罚项)和最大迭代次数等 3 个参数,选择的用户和物品向

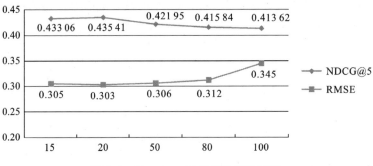

图 6.4　User based CF 算法实验结果

量维度为 70。用测试集对该模型的预测集进行评价,测试结果分别采用 NDCG@5 和 RMSE 进行输出,实验结果如图 6.5 所示。

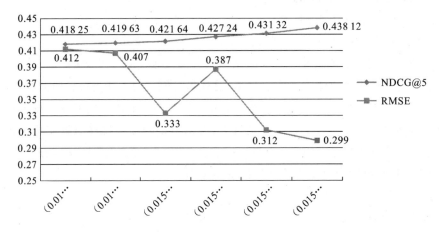

图 6.5　基于 SVD 隐因子矩阵分解算法结果

　　在图 6.5 中,横坐标为(alpha,beta,最大迭代次数),纵坐标为 NDCG@5 和 RMSE 的结果。由图 6.5 可以看出,当矩阵 P 的惩罚项系数 alpha 和矩阵 Q 的惩罚项系数 beta 分别为 0.0155 和 0.0155 且最大迭代次数为 650 时, NDCG@5 的评分达到最大,RMSE 的评分达到最小。

　　(3) 基于 SVD++的隐因子矩阵分解算法实验。由基于 SVD 的矩阵分解模型可以发现,在对用户进行点击行为预测时,基于 SVD 的矩阵分解模型仅使用了用户 u 对物品 i 的评分 r 这一个数据,而在实际的系统中,可以使用用户的个人资料、物品详细描述以及其他额外信息。基于这一情况,本小节得到 SVD++的表现形式为

$$r_{ui} = \mu + b_u + b_i + \left(p_u + \sum_{j \in U\text{feed}(U)} \alpha_i \, y_i\right)^{\mathrm{T}} q_i \qquad (6.19)$$

式中：b_u 表示用户向量的 bias；b_i 表示物品向量的 bias；p_u 表示矩阵 P 中用户 u 的隐式向量；q_i 表示矩阵 Q 中物品 i 的隐式向量；$U\text{feed}(U)$ 为用户对系统的反馈信息，这里它包括用户点击记录、用户收藏列表、用户已观看影片列表等用来描述用户的信息；α 为用户反馈信息的权重。

在基于 SVD 隐因子矩阵分解算法实验的基础上，本小节对基于 SVD++ 隐因子矩阵分解算法进行了实验。用测试集对该模型的预测集进行评价，测试结果分别采用 NDCG@5 和 RMSE 进行输出，实验结果如图 6.6 所示。

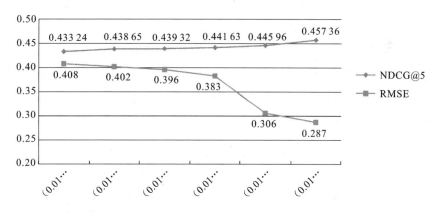

图 6.6　基于 SVD++ 的隐因子矩阵分解算法实验结果

在图 6.6 中，横坐标为(alpha，beta，最大迭代次数)，纵坐标为 NDCG@5 和 RMSE 的结果。由图 6.6 可以看出，当矩阵 P 的惩罚项系数 alpha 和矩阵 Q 的惩罚项系数 beta 分别为 0.0155 和 0.0155 且最大迭代次数为 650 时，NDCG@5 的评分达到最大，RMSE 的评分达到最小。

（4）ListWise-Rank MF 算法实验。在基于 SVD 隐因子矩阵分解算法实验的基础上，本小节对基于 SVD 隐因子矩阵分解算法采用 ListWise 进行了优化，用测试集对优化后模型的预测集进行评价，实验结果分别采用 NDCG@5 和 RMSE 进行输出，实验结果如图 6.7 所示。

由图 6.7 可知，相比基础的基于 SVD 隐因子矩阵分解算法，ListWise-Rank MF 算法在预测准确度上有了很大的提升。而且 ListWise-Rank MF 算法相比于基于 SVD++ 的矩阵分解算法，其预测准确度也有较小的提升，所以本小节采用 ListWise-Rank MF 算法作为基于 Stacking 的混合算法中的初级学习器。

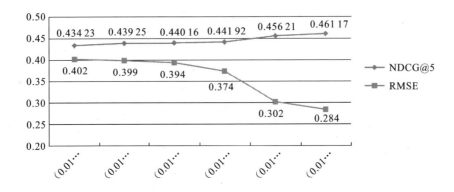

图 6.7　ListWise 优化后的基于 SVD 的隐因子矩阵分解算法实验结果

（5）基于加权的混合模型算法实验。在对基于加权的混合模型进行测试的过程中，本小节选取 User based CF 和 ListWise-Rank MF 最高分数测评值线性加权混合。根据权值的不同，用测试集对该模型的预测集进行评价，结果采用 NDCG@5 进行输出，实验结果如图 6.8 所示。

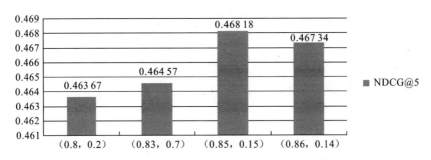

图 6.8　基于加权的混合模型算法实验结果

由图 6.8 中，横坐标为（L-SVD 权值，CF 权值），纵坐标为 NDCG@5 的评分结果。由图 6.8 可以看出，当 L-SVD 权值为 0.85、CF 权值为 0.15 时，NDCG@5 的评分达到最高，RMSE 取得最小值，最好的 NDCG@5 的评分为 0.46818。

（6）基于 Stacking 的混合算法实验。在对本小节采用的基于 Stacking 的混合模型即 ListWise-Rank MF＋User based CF＋SVM＋NN 测试的过程中，ListWise-Rank MF、User based CF 采用已经测试好的最优参数，针对初级学习器 SVM 中 degree、gamma、coef0 三个参数设计实验去选择最优参数。实验结果如表 6.5 所示。

表 6.5　SVM 算法实验结果

degree	gamma	coef0	NDCG@5	RMSE
1.0	0.001	0.1	0.41236	0.377
1.0	0.0015	1	0.39732	0.423
2.0	0.001	0.1	0.42991	0.276
2.0	0.0015	1	0.42812	0.298
3.0	0.001	0.1	0.42283	0.359
3.0	0.0015	1	0.39821	0.447

通过实验,本小节固定了参数为 degree＝2, gamma＝0.001, coef0＝0.1 的 SVM 模型。

在混合模型中,针对格点搜索参数、神经网络隐藏层层数、惩罚项系数、梯度下降系数分别进行了测试,最好的测试结果为:激活函数采用 ReLu,层数结构和节点数为 [50,100,1],惩罚项系数为 5×10^{-6},梯度下降系数为 5×10^{-5},最后测得 NDCG@5 为 0.505 08。相比线性加权混合算法,本小节设计的混合推荐算法在 NDCG@5 评分上还是超过了线性加权混合算法,所以本小节在推荐系统中选择了基于 Stacking 的混合推荐算法进行用户点击行为的预测,并根据预测结果进行推荐,具体实验过程如下。

本小节首先固定 L2-Regularization 为 False,SGD weight decay 为 5×10^{-5},测试不同激励函数与网络结构时的神经网络性能,用测试集对该模型的预测集进行评价。当采用 RMSE 对实验结果进行评价时,结果如图 6.9 所示。

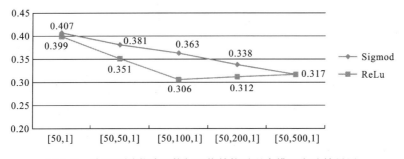

图 6.9　采用不同激励函数与网络结构时混合模型实验结果图

在图 6.9 中,横坐标表示不同的网络结构,纵坐标表示 RMSE,最后的测试结果表明网络结构为 [50,100,1]、激励函数为 ReLu 时,实验结果最好。当采用 NDCG@5 对实验结果进行评价时,结果如图 6.10 所示。

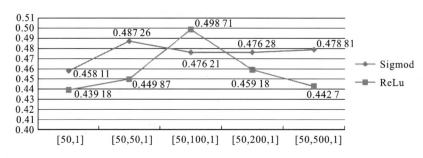

图 6.10　采用不同激励函数与网络结构时混合模型实验结果图

从图 6.10 中可以看出,当网络结构为[50,100,1]、激励函数为 ReLu 时,其 NDCG@5 的评分达到最大,也验证了图 6.9 的结果。

根据实验结果以及不同激励函数训练时间的考虑,ReLu 可以使神经网络在相同的结构下避免进行复杂的求导运算从而更快地收敛,所以对于隐藏层的激励函数这里采用 ReLu,并且本小节固定了神经网络的结构,输入层为 50 个神经元,隐藏层为 100 个神经元,输出层为 1 个神经元。在固定了激励函数以及神经网络结构之后,本小节对 L2-Regularization 系数以及梯度下降系数进项调参。对 L2-Regularization 系数调参的具体结果如图 6.11 所示。

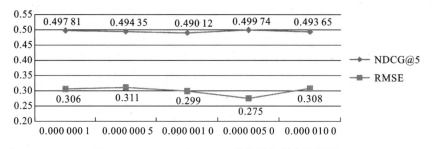

图 6.11　L2-Regularization 系数调参实验结果图

图 6.11 中,横坐标为 L2-Regularization 的参数。可以看出,当 L2-Reqularization 系数为 5×10^{-6} 时,RMSE 取得最小值,NDCG@5 取得最大值,所以,本小节确定 L2-Reqularization 系数为 5×10^{-6}。最后对梯度下降系数——SGD weight decay 进行调参,对梯度下降系数调参的具体结果如图 6.12 所示。

由图 6.12 可知,当 SGD weight decay 系数为 5×10^{-5} 时,RMSE 取得最小值,NDCG@5 取得最大值,即混合模型取得最优的结果。从而得到神经网络的参数组合:激励函数为 ReLu,网络结构为[50,100,1],L2-Regularization 系数为 5×10^{-6},梯度下降系数为 5×10^{-5}。

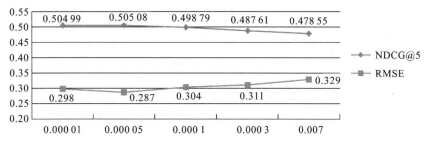

图 6.12 对 SGD weight decay 系数调参时混合模型实验结果

6.3.5 实验结果对比

前面分别对 SVM、基于 SVD 的隐因子矩阵分解、基于 SVD＋＋的隐因子矩阵分解、User based CF 和 ListWise-Rank MF 这 5 个模型,ListWise-Rank MF 和 User based CF 两个推荐算法加权混合模型以及基于 Stacking 的混合推荐模型进行了模型性能的检测,用测试集对模型的预测集进行评价。当模型性能达到最优时使用 NDCG@5 进行最后的结果输出,对比结果如图 6.13 所示。

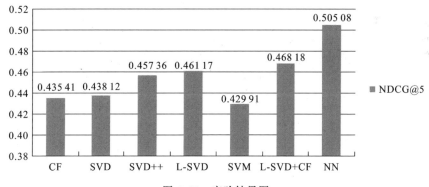

图 6.13 实验结果图

在图 6.13 中,CF 代表 User based CF,SVD 代表基于 SVD 的隐因子矩阵分解,SVD＋＋代表基于 SVD＋＋的隐因子矩阵分解,L-SVD 代表 ListWise-Rank MF,SVM 为支持向量机,L-SVD＋CF 代表 ListWise-Rank MF 和 User based CF 线性加权混合,NN 代表 SVM、CF、L-SVD 这三种推荐算法和神经网络相结合即本节提出的基于 Staking 的混合推荐。由图 6.13 可知,虽然该推荐系统使用基于用户是否点击来评测系统的推荐质量,但是在实际应用 SVM 进行用户点击行为预测的过程中,它的推荐预测效果与测试集进行比较时,偏差比较大。L-SVD 相比 SVD 提高的推荐预测准确度为5%。而 CF 和 L-SVD 的线性加权混合相比单独的 CF 算法推荐预测准确度提高了 7%。而当采用基于 Stacking 算法的混合推荐方法时,NDCG@5 的评分是0.505 08,相比线性加权混合,NDCG@5 的评分的提升也是很明显的。相比单独的 CF,该混合推荐提升的准确度是 16%。所以当推荐系统采用本节提出的基于 Stacking 的混合推荐方法时,推荐的预测结果准确度相比以往有很大的提高。

第 7 章　融合隐性特征的群组用户推荐方法

本章对于融合隐性特征的群组用户推荐算法的研究主要分为两个部分:首先对融合隐性特征的个人推荐算法进行研究,然后在前者的基础上研究融合隐性特征的群组用户推荐算法。在个人推荐算法中,本章首先对个人推荐算法进行比较与分析,然后选择在 SVD＋＋算法的基础上融合多种隐性特征信息,提出融合隐性特征的个人推荐算法来获得群组中每位用户的预测评分;在群组推荐算法中,本章选用聚集预测的群组推荐生成方式,将通过融合隐性特征的个人推荐算法计算得到的用户预测评分聚集为群组预测评分,并结合融合隐性特征的群组权重计算方法计算出的群组用户权重,提出一种新的群组融合策略,并得到最终群组推荐结果[61,100,109]。

7.1　融合隐性特征的个人推荐算法

个人推荐算法是群组推荐算法的基础,因此本节对融合隐性特征的个人推荐算法进行研究。本节通过对较为常用的个人推荐算法进行比较,分析它们各自存在的优缺点,并在分析之后选择将经典的 SVD＋＋推荐算法模型作为基础,引入社会关系和内容信息这两种隐性特征,改进原有的 SVD＋＋推荐算法模型,提出一种融合隐性特征的个人推荐算法,并给出详细的算法流程。

7.1.1　个人推荐的常用方法

7.1.1.1　基于内容的个人推荐

通过对以往数据记录的挖掘可以知道用户曾经喜欢过哪些类型的项目,根据这些项目的内容特征进行归类,并预测用户可能会喜欢同类型的项目是基于内容的个人推荐的主要思想。一般而言,使用基于内容的推荐方法的推荐系统,会更加偏向于向用户推荐及其曾经感兴趣过的项目的特征相类似的项目[110]，例如，某用户喜欢《哈利波特》系列魔幻小说的第一部，那么使用该推荐方法的推荐系统很有可能会推荐《哈利波特》的续集给该用户；另外，使用基于内容的推荐方法的推荐系统也可能重点关注用户的属性内容，根据用户的属性特征向其推荐具有相似属性特征的用户的偏好项目，例如，两个用户在年龄、性别、职业方面的属性特征相同或相近的情况下，推荐系统会将其中一个用户感兴趣的项目推荐给另一个用户。

对于基于内容的个人推荐，研究用户和项目本身的属性特征才是重点，该过程类似于聚类，通过对相似度的计算，找到与用户本身属性相似的其他用户，或者与用户喜欢过的项目特征相似的项目进行推荐。该方法适用于用户或推荐项目的属性特点容易被提取并分析的使用场合，例如，实时新闻推荐这类内容以文本为主的推荐项目，其内容丰富，容易描述；而音乐推荐类内容难以描述、不利于特征提取的推荐项目，则不太适合使用基于内容的推荐方法。基于内容的推荐原理如图 7.1 所示。

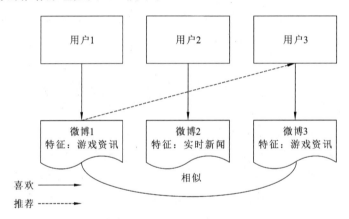

图 7.1　基于内容的推荐原理

该方法的优点在于其推荐的过程不太依赖大量的用户数据信息，只需要得到用户或者物品的特征属性信息就能够进行适当的推荐，方法的原理较为简单明了，推荐结果具有解释性高的特点。该方法也存在如下缺点。当用户或者物品的特征属性多变复杂、不利于进行提取时，该方法将较难进行高准确率的推荐；另外，当用户集合出现动态更新、有新用户出现时，因为缺乏新用户以前的历史偏好记录，基于内容的推荐算法将得不到推荐的结果。

7.1.1.2　协同过滤的个人推荐

协同过滤的个人推荐方法的优点是计算过程较为简单，而且通常情况下具有较好的推荐结果,因此该方法成为目前应用最普遍的个人推荐方法之一。当推荐系统应用协同过滤方法时,需要首先将每个用户和被推荐项目之间的相似度计算出来,而用户与用户之间的相似度是根据每个用户以往对项目的评分记录来进行判断的[111],例如,用户 A 与用户 B 都对同一项目进行过评分,如果他们给出的分数非常相近,那么可以认为用户 A 与用户 B 属于相似用户。在用户–项目评分矩阵上,还可以找到其他潜在的相似用户,相似用户的确定在协同过滤的个人推荐方法中起到很重要的作用。找到和原用户拥有相似的兴趣爱好的其他用户,并将这些用户感兴趣的项目推荐给原用户,通过这种方式可以预测用户最有可能感兴趣的项目。

协同过滤的个人推荐方法主要划分为两种类型:一种是基于内存的推荐算法,另一种是基于模型的推荐算法[112]。对于基于内存的推荐算法而言,其重点在于根据数据的特点选择适合该数据的计算方法来计算用户之间或者项目之间的相似度,通过用户–项目评分矩阵寻找到相似的用户或者相似的项目之后,再确定各用户对未评分项目的预测评分。另外,基于内存的推荐算法还可分为如下两种。

第一种是基于项目的推荐算法。该算法会对项目之间的相似程度进行比较与计算,因为该算法认为当用户对相似项目进行打分活动时,评价分数应该相差不大,例如,《钢铁侠》和《雷神》均属于漫威电影系列,两部电影的相似程度很高,喜欢两部电影其中一部的用户,通常情况下也会喜欢另外一部。因此,该算法的原理就是找到与用户喜爱的项目具有很高相似度的项目,并将此项目推荐给用户,如图 7.2 所示。

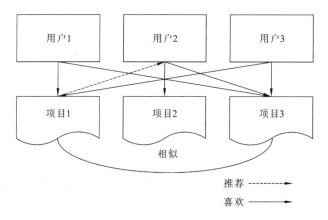

图 7.2　基于项目的推荐算法原理

　　第二种是基于用户的推荐算法。该算法关注的重点是用户之间的相似度,该算法认为如果某些用户对同一类项目的评分相差不大,那么说明这些用户的兴趣爱好应该也比较接近,他们对其他种类项目的评分很有可能仍然相似。因此该算法的原理是首先寻找对某一类项目评分相似的用户,然后将这些用户对其他类型项目的评分作为未知项目的预测评分,如图 7.3 所示。

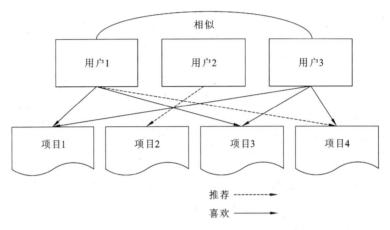

图 7.3　基于用户的推荐算法原理

　　基于模型的推荐算法的核心思想是引入一组拥有共同兴趣爱好的用户的评分数据,通过训练这些用户的评分数据来构建用户的模型。模型构建成功以后会用来对后面新添加的用户进行检验,比较新用户和原用户的偏好是否相似。通常情况下,模型的构建过程中会用到机器学习的算法来挖掘数据之中可能会隐藏的规律,这样能够使推荐系统的性能得到提升。在基于模型的协同过滤算法中最具代表性的就是矩阵分解的方法。

7.1.2　SVD++推荐算法模型

　　7.1.1 小节讨论了常见的个人推荐方法并分析了它们各自的优缺点。协同过滤算法在普适性和推荐效果上均优于基于内容的推荐算法,虽然协同过滤算法也存在评分矩阵稀疏性等缺点,但是在基于模型的协同过滤算法,特别是矩阵分解算法中,这些问题已经得到了较好的解决。

　　矩阵分解作为经典的个人推荐基础算法,通过对数据的降维处理,能够有效地应对数据稀疏性问题,同时具有较强的扩展性。SVD++算法是矩阵分解算法中的代表,其关键作用是通过降低维度的方法把原本处于高维度向量空间里的样本数据集映射到低维语义空间中。在模型处理过程中,物品与用户之间潜藏的关系在降维处理之后会渐渐在低维子空间中显现出来。采用的主成分分析方法对数据有精简提炼的作用,通过去除数据样本中的噪声数据与冗余数据,将数据中真正有价值的部分体现出来。本章在 SVD＋＋算法的基础上融合用户的隐性特征信息,以弥补仅凭评分信息预测会导致用户信息不完整的问题,提出一种融合隐性特征的个人推荐算法。

经典的 SVD＋＋模型[113] 为

$$\hat{r}_{ui} = b_{ui} + q_i^{\mathrm{T}}\left(p_u + \sum_{k \in N(u)} y_k \beta_k\right) \tag{7.1}$$

式中:$\hat{r}_{ui}$ 代表用户 u 给项目 i 的评级信息;偏差量公式 $b_{ui} = \mu + b_u + b_i$,b_u 代表因用户个人原因引起的和平均评分 u 的偏移量,个人原因包括心情好坏、外界条件影响、身体状况等,b_i 是项目自身层次的差别引起的偏差,如对于网上的明星产品或官方旗舰店等在用户中公信度很高的商品项目,用户给出的评分通常会比一般商品更高;$q_i^{\mathrm{T}} \sum_{k \in N(u)} y_k \beta_k$ 是一个融合隐性特征的模型,β_k 代表第 k 个隐性特征所对应的权重系数,y_k 代表第 k 个隐性特征向量;$q_i^{\mathrm{T}} p$ 代表隐藏因素模型,需要预先设置好各类系数;p_u 代表 n 维用户特征向量;q_i^{T} 是 q_i 的转自矩阵。

7.1.2.1　隐性特征的融合

这里在 SVD＋＋模型的基础上,将以下几种隐性特征融合到模型中。

(1) 社交网络中用户的动作。通常情况下,用户的行为和动作,如转发、@、评论是社交网络里用户使用最频繁的,并且这些动作涉及的范围除了是自己兴趣列表中的用户外,还可以是社交群组里的其他任意用户,反馈信息的范围很广,属于极有价值的隐性特征信息。因此,如果用户 u 对用户 w 发生了以上动作,那么可以认为 u 和 w 之间存在一些共性,在此基础上可以扩展用户特征向量 p_u,将该隐性特征信息融合到模型中。

$$f_u = \frac{1}{\parallel \varepsilon_n \parallel_2} \sum_{x \in \mathrm{act}(u)} \varepsilon_{u,x} s_x + p_u \tag{7.2}$$

式中:$\mathrm{act}(u)$ 代表做过转发、@、评论这 3 个动作的全部用户 u 的项目集合;$\varepsilon_{u,x}$ 代表 u 对 x 进行动作的数目;s_x 代表第 x 个隐性特征;f_u 代表扩展后的用户特征向量,采取 l^2 范式来将其归一化处理。

(2) 内容信息主要分为标签与关键字。标签代表用户的个人特点与偏好,类似于较为简洁的自述,但没有涉及权重信息。关键字是在用户的转发、评论内容、微博内容中提取得到的,其中每个关键字会与相应的 TF-IDF 权重一一对应,kdd cup 2012 track1 数据集中的用户关键字文件包含了每个用户关键字及其对应的权重。本书把内容信息里的关键字与标签当作隐性特征信息添加到 f_u 与 q_i：

$$f_u^1 = W(u,y) \sum_{y \in K(u)} s_{kw(y)} + \frac{1}{\sqrt{|L(u)|}} \sum_{n \in L(u)} s_{\mathrm{tag}(n)} + f_u \qquad (7.3)$$

$$h_i = W(u,y) \sum_{y \in K(u)} s_{kw(y)} + \frac{1}{\sqrt{|L(i)|}} \sum_{n \in L(i)} s_{\mathrm{tag}(i)} + q_i \qquad (7.4)$$

式中：$L(\cdot)$ 代表用户标签集；$K(\cdot)$ 代表用户关键字；y 代表某一关键字；$W(\cdot, y)$ 代表 y 的权重，权重越大表示 y 与用户的关联越强。

融合隐性特征后的最终模型为

$$r_{ui} = b_{ui} + h_i^{\mathrm{T}} \left(f_u^1 + \sum_{k \in N(u)} y_k \beta_k \right) \qquad (7.5)$$

7.1.2.2　算法流程

本章提出的融合隐性特征的个人推荐算法基本流程如算法 7.1 所示，$|D|$ 代表所使用训练集的样本数目；$\overline{N}_u$ 代表最终用户反馈信息的集合 $F(u)$ 中元素的平均数目。参数值设置如下：学习效率 η、惩罚因子 λ、训练代数 m、维度 d，计算该算法的时间复杂度时，m 和 d 属于人为设定参数，可以当作常量而忽略；时间复杂度为 $O(|D|\overline{N}_u)$。

算法 7.1　融合隐性特征的个人推荐算法

输入：rec_log_train 文件中的训练数据集 D。

输出：个人预测评分列表 list。

---

1. while 迭代的数目 ≤ m do
2. 　for u, i, r_{ui}　in D do
3. 　　$\vec{p}_u^{im} \leftarrow \vec{0} \in R^{1 \times d}$
4. 　　for j in F(u) do //F(u) = R(u) $\bigcup$ N(u) 是 u 的显式反馈与隐式反馈的交集
5. 　　　for f in [0,d) do
6. 　　　　$p_{u,f}^{im} \leftarrow p_{u,f}^{im} + \beta_{j,f} y_{j,f}$
7. 　　　end for
8. 　　end for
9. 　　$\vec{z} \leftarrow \vec{0} \in R^{1 \times d}$
10. 　　for j in F(u) do // update
11. 　　$e_{ui} \leftarrow r_{ui} - r_{ui}$ //r_{ui} 为上次迭代产生的参数进行预测所得评分
12. 　　$b_u \leftarrow b_u + \eta(e_{ui} - \lambda_1 b_u)$

```
13.    for f in [0,d) do
14.        z_f←z_f+ e_ui β_{j,f} q_{i,f}
15.        p_{u,f}←p_{u,f}+ η(e_ui q_{i,f} - λ_2 p_{u,f})
16.        q_{i,f}←q_{i,f}+ η(e_m(p_{u,f}^{im}+ p_{u,f}) - λ_2 q_{i,f})
17.    end for
18. end for
19. for j in F(u) do              //对反馈的特征向量进行更新
20.    for f in [0,d) do
21.        y_{i,f}←y_{i,f}+ η(z_f - λ_3 y_{i,f})
22.    end for
23.    end for
24.    List= top(y_{i,f},η)
25.    end for
26. end while
```

7.2　融合隐性特征的群组推荐算法

7.2.1　群组推荐生成方式

聚集预测(aggregated predictions)和聚集模型(aggregated models)是最常用的两种推荐生成方式[114]。聚集预测首先会按照个人兴趣模型得到每位成员的兴趣预测,然后把所有成员的预测聚合形成对群组的预测,如图 7.4 所示。聚集预测最常用的方法有等级聚合(rank aggregation)和协同过滤。等级聚合的具体方法是首先给每一个群组中的用户建立个人推荐,然后把个人推荐的结果合并为整个群组的群组推荐列表。而协同过滤的具体方法是:先让被预测的用户给一些项目进行评分,根据这些评分系统能够找到与其志趣相投的"伙伴",然后将该用户的"伙伴"感兴趣的项目推荐给用户本人,最终生成针对群组的推荐列表[110]。

聚集模型是直接针对整个群组的兴趣爱好信息总和来建立兴趣模型,首先基于群组里每一个成员的兴趣爱好信息建立兴趣模型,然后合并为群组的兴趣模型,如图 7.5 所示。

聚集预测和聚集模型的相似之处在于两者均存在将个体的推荐结果聚合

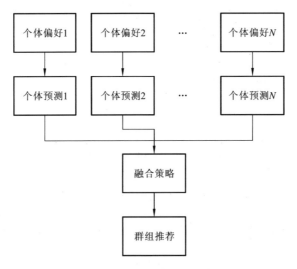

图 7.4　聚集预测的群组推荐实现方式

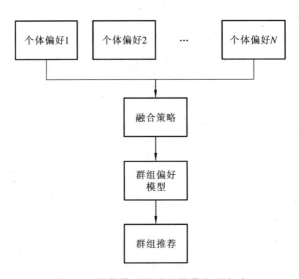

图 7.5　聚集模型的群组推荐实现方式

为群组推荐结果的过程,不同的是聚集预测聚合的是推荐列表和对项目的评分,聚集模型则是兴趣模型的聚合。但是,无论采用哪一种群组推荐生成方式,都需要选择合适的群组融合策略方能获得更好的群组推荐效果。本章主要使用的是聚集预测的群组推荐生成方式,并研究了适合本实验用户群组的融合策略。

7.2.2　群组融合策略

在得到群组用户对每个待推荐项目的预测评分后,需要使用相应的策略来进行群组推荐。针对个体的推荐系统只需要考虑每个用户的兴趣爱好信息,但是针对一个社交群组用户的群组推荐系统则需要搜集整个群组所有用户的兴趣爱好,并找到合适的方法将用户群的兴趣爱好融合成群组的兴趣爱好。单一的方法选择往往不能满足群组推荐系统复杂的内部关系,如何根据搜集数据的特点选择相适应的融合方法并有机地融合在一起是解决问题的重点。一般情况下,较简单的解决方法是将群组中每个成员用户的个人推荐列表不做任何修改直接聚合,然后按照评分总数将项目进行降序排列。这种方法的准确性常常令人失望,通过此方法生成的推荐经常会给部分用户推荐许多他们不喜欢的项目。融合各个用户偏好的推荐需要考虑到如何选择融合策略,使用这些融合策略能够把个体用户的偏好进行整理和融合,进而形成群组用户的偏好。目前国内外有众多关于融合策略的研究成果,这些成果主要可以划分为基于满意度的融合策略与基于计数类的融合策略。

7.2.2.1　基于满意度的融合策略

1) 最小忍耐度(least misery)

该推荐策略认为一个群组评价某一项目时,对该项目评价最低的用户会影响整个群组的评价,就像一个木桶能装多少水是由组成木桶的最矮的那块木板决定的。在推荐系统中,这种推荐策略意味着一个群组对某一被推荐项目的满意程度主要由群组内用户对其评价最低的分数决定。最小忍耐度策略选择以群组中用户的最低评分来衡量整个群组对该项目的喜好程度,目的在于让所有群组中的用户都能够对该项目较满意。最小忍耐度策略的评分公式为[115]

$$G_j = \min_{m_i \in G} r_{ij} \qquad (7.6)$$

式中:G_j代表群组 G 中的用户给项目 j 的评价分数;r_{ij}代表群组 G 中用户 m_i 针对项目 j 所做出的评价分数。

2) 最大满意度(most pleasure)

和最小忍耐度策略截然不同,最大满意度策略优先考虑的是关注一个群

组中对某项目评价最高的用户的感受。该策略认为被推荐项目得到的最高评价才是群组对此项目的真正评价,评分公式为[116]

$$G_j = \max_{m_i \in G} r_{ij} \tag{7.7}$$

3) 平均满意度(average strategy)

该策略不像最大满意度和最小忍耐度那样极端,而是采取了一种较为平衡的融合方法。平均满意度摒弃了最大值和最小值的波动对融合的影响,而取群组中所有用户评价分数的平均值作为群组对项目的评价,此融合策略的群组评价公式为[117]

$$G_j = \text{average}_{m_i \in G} r_{ij} = \frac{1}{n} \sum_{i=1}^{n} r_{ij} \tag{7.8}$$

7.2.2.2　基于计数类的融合策略

1) Borda 计数法(Borda count)

用户对项目的感兴趣程度可以用等级分化。在 Borda 计数法中,0 代表用户最不喜欢的项目。用户越喜欢,项目的分值越大[118]。该方法可以搜集群组内所有用户对某个项目的评分之和,即群组对此项目的评分,得到每个项目的群组评分后按降序排列就是最终的推荐结果。

2) 赞成票法(approval voting)

将群组中每名用户对每个项目的评分都收集起来进行整理和统计,获得用户赞成票数最多或者评分最高的项目会优先推荐给用户[119]。

3) Copeland 规则(Copeland rule)

这种融合策略将群组内的全部项目一对一对地来比较,得出受用户喜欢的程度,分值只有三种:分值 1 代表绝大部分用户感兴趣的项目,分值 0 代表对此项目感兴趣的人数较为适中,分值 -1 则代表群组内对该项目感兴趣人数很少。得到所有项目的评分后,按得分高低降序排列,生成最终的推荐列表[120]。

4) 多数票法(plurality voting)

该方法首先会统计每一位用户最感兴趣的项目,将这些项目进行整理统计,并按票数多少进行排序,票数排名靠前的项目将会被推荐给群组内的其他用户[121]。

如何根据群组的特点选择合适的融合策略没有具体的定论。数据集的规模、数据结构、数据信息含义等都是造成不同融合策略在不同数据集上表现出很大性能差异的原因。由于在融合策略中最常使用的是最小忍耐度策略和平均满意度策略,实验将使用最小忍耐度策略和平均满意度策略进行实验,与我们提出的方法进行对比。

即使针对个体的推荐系统,仅使用一种推荐方法所达到的推荐系统不及混合的推荐方法。单一的方法,如 Borda 计数法、最小忍耐度、平均满意度、最大满意度等每一种方法均存在使用的适用条件。在针对群组的推荐系统中,更应该根据数据集的特点采用多种方法融合的方式来达到最优的推荐系统。融合隐性特征的群组权重计算方法可以根据群组的特点计算出每位群组用户相应的权重值,这对于群组推荐是十分重要的,因此后面将研究如何将群组用户的权重体系引入群组用户推荐的融合策略中。

7.2.3　融合隐性特征的群组推荐算法

通过对融合隐性特征的个人推荐算法的执行,能够得到每个用户的项目预测评分,聚合每个用户的项目预测评分最终能够形成群组用户预测评分矩阵。但是,每个用户在群组中所具有的影响力是有差异的,一般来说,在群组中地位较高、影响力较大的用户的预测评分结果应该受到更多的关注。地位不同的用户,对最终群组推荐项目结果的影响也是不同的,拥有更高地位的用户的预测评分将更加适合作为整个群组的兴趣偏好的代表,并在较大程度上影响最终推荐结果的生成。本章为了解决这一问题,将用户的权重体系引入群组用户的预测评分矩阵中。

用户的隐性特征可以帮助我们确定群组中每个用户的权重,使用提出的基于隐性特征的群组权重计算方法,可以计算出各群组用户相应的权重。假设一个群组中有用户 n 个,则该群组用户的权重矩阵为 $W=[w_1,w_2,w_3,\cdots,w_n]$。

首先使用融合隐性特征的个人推荐算法,得出群组中的每个用户的预测评分,之后将这些个人预测评分聚集起来形成群组用户的预测评分矩阵 $\tilde{r}$。假设该群组用户一共有 n 个,参与评价的项目有 m 个,则该群组用户的预测评分矩阵表示为

$$\widetilde{r} = \begin{bmatrix} \widetilde{r}_{1,1} & \widetilde{r}_{1,2} & \cdots & \widetilde{r}_{1,m} \\ \widetilde{r}_{2,1} & \widetilde{r}_{2,2} & \cdots & \widetilde{r}_{2,m} \\ \vdots & \vdots & & \vdots \\ \widetilde{r}_{n,1} & \widetilde{r}_{n,2} & \cdots & \widetilde{r}_{n,m} \end{bmatrix}$$

为了将群组用户的权重融入群组用户的预测评分中,需要把群组用户权重矩阵 W 与群组用户预测评分矩阵 $\widetilde{r}$ 相乘,具体如下:

$$\widetilde{r}_{\text{group}} = |W^{\text{T}} \cdot \widetilde{r}| = \left| \begin{bmatrix} w_1 \\ w_2 \\ \vdots \\ w_n \end{bmatrix}^{\text{T}} \cdot \begin{bmatrix} \widetilde{r}_{1,1} & \widetilde{r}_{1,2} & \cdots & \widetilde{r}_{1,m} \\ \widetilde{r}_{2,1} & \widetilde{r}_{2,2} & \cdots & \widetilde{r}_{2,m} \\ \vdots & \vdots & & \vdots \\ \widetilde{r}_{n,1} & \widetilde{r}_{n,2} & \cdots & \widetilde{r}_{n,m} \end{bmatrix} \right|$$

$$= \left| \left[\widetilde{r}_{\text{group},1}, \widetilde{r}_{\text{group},2}, \cdots, \widetilde{r}_{\text{group},m} \right] \right|$$

其中,$\widetilde{r}_{\text{group},1}$ 代表群组对项目 1 的最终评分结果,在得到所有项目的评分结果之后,群组推荐系统将按评分高低降序排列所有项目的评分结果,根据需要取前 n 个项目生成最终推荐项目列表。该群组融合策略既不同于最小忍耐度策略只着眼于最低评分结果,也不同于平均满意度策略过于追求绝对平均。结合群组用户权重的融合策略是在最大满意度策略的基础上,首先使用融合隐性特征的权重计算方法计算出群组中每个用户相对应的权重,然后在群组用户的预测评分中加入群组用户的权重体系来体现群组中客观存在的成员的地位差异性。与其他几种推荐策略相比,该策略更适合社交网络中的群组推荐。

综上所述,在群组推荐过程中,为了进行准确的群组推荐,在融合隐性特征的个人推荐算法的基础上,又结合基于隐性特征的群组用户权重计算方法,提出一种结合群组用户权重的融合策略,并生成最终的推荐结果。整个融合隐性特征的群组推荐算法步骤可以总结如下。

(1)使用融合隐性特征的个人推荐算法得到群组内部每个用户的未知项目的预测评分。

(2)将群组中所有用户的预测评分聚集为群组的预测评分矩阵 $\widetilde{r}$。

(3)使用融合隐性特征的群组用户权重计算方法计算出群组内每个用户的权重系数,得到群组用户权重矩阵 W。

(4)通过计算 $|W^{\text{T}} \cdot \widetilde{r}|$ 得到群组对推荐项目的最终评分结果 $\widetilde{r}_{\text{group}}$,根据需要选取评分最高的 $n\,(n{<}m)$ 个项目组合为推荐列表推荐给群组用户。

具体流程如图 7.6 所示。

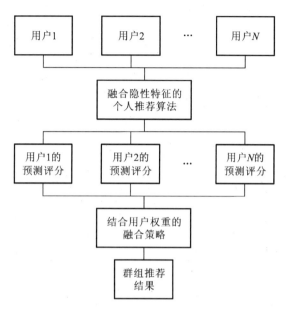

图 7.6　融合隐性特征的群组推荐算法流程

7.3　群组推荐实验分析

7.3.1　数据准备

　　本章包含两个实验部分:①融合隐性特征的个人推荐算法实验;②融合隐性特征的群组推荐算法实验。两个实验的数据均取自 KDD Cup 2012 Track 1 的数据集。该数据集里的初始数据共有 2 314 800 名普通用户与 6095 个项目,训练数据集的采样时间是 2011 年 10 月 11 日～11 月 11 日这 31 天的时间,共 1 392 973 名用户在这期间内向 4710 个对象给出总共 73 209 277 次评分记录;另外,测试数据集的采样时间则为同年的 11 月 11 日～11 月 30 日期间的 34 910 937 次推荐记录。与推荐系统经常使用的 Movielens、Last.fm 和 Netflix 等数据集相比,腾讯微博数据集的数据量更加庞大,大小约为 3.8 GB;数据范围包括项目种类、人口统计学信息、社交行为关系等众多信息,对外表现出更加复杂的关系。在数据集中共有 6 个文件,全部信息都已被加密处理过并且所有用户名均用号码替代以保护隐私,如表 7.1 所示。

表 7.1　KDD Cup 2012 Track 1 的数据集文件

文件名称	文件内容	大小
rec_log_train	UserId 表示用户名,Unix-timestamp 表示时间戳,ItemId 表示项目名,Result 代表用户在相应时间戳上是否接受推荐的项目	1.99 GB
rec_log_test	UserId 表示用户名,Unix-timestamp 表示时间戳,ItemId 表示项目名,Result 代表用户在相应时间戳上是否接受推荐的项目	943 MB
user_sns	Followee-userid 代表被关注用户的用户名,Follower-userid 代表关注用户的用户名	740 MB
user_action	Name-of-at-action 代表@次数,Number-of-comment 代表评论次数,UserId 代表用户名,Number-of-retweet 代表转发次数,Action-destination-userid 代表行为对象用户名	217 MB
user_key_word	机构、人、组等档案信息里的关键字信息	182 MB
item	ID、种类划分、关键字信息	1.18 MB

表 7.1 中,rec_log_train.txt 是训练数据集,rec_log_test.txt 是测试数据集,两者均有以下字段:Result、ItemId、Unix-timestamp 与 UserId,Result 的值一般为 1 和 −1 两种,1 表示用户愿意接受系统所推荐的项目,−1 则表示用户拒绝接受系统所推荐的项目;而测试集里 Result 有值为 0 的情况,代表的含义是用户因为某种原因没有注意被推荐的项目,所以作为保留字段,其中项目内容包含机构、组织、人等。

item.txt 主要包含被推荐项目的重要信息,如 ID、种类划分、关键字信息等。其中,Item-category 代表项目种类信息,并以字符串方式记录,例如,吴恩达的分类信息为机器学习-互联网-IT-科学技术,在 Item-category 中,每一层类别信息之间都会以".'来隔开,后面一级是前面一级的父类,例如,吴恩达在 Item-category 里存储为机器学习.互联网.IT.科学技术,根据分类信息可以将同一类的用户归类在一个组内。项目关键字 Item-keyword 里记录了机构、人、组等档案信息里的关键字信息,以"ID1;ID2;…"的字符串格式记录,不同关键字的 id 以数字下标进行区分可以有效地保护用户的隐私信息。

字段 user_action.txt 中记录着用户的历史行为信息。例如,当用户 Jack 对用户 Track 有以下行为:@提醒 Track 3 次,评论 Track 4 次,转发 Track 5 次,则在数据中记录为"Jack Track 3 4 5"。UserId、Action-destination-userid、Number-of-comment、Number-of-retweet。user_sns.txt 代表着用户之间社会关系的数据记录,有 Followee-userid 与 Follower-userid 两个字段。

该数据集的意义在于对用户是否会接受系统推荐项目做出预测和判断。

由于实验条件的限制,本实验在原始数据集上随机选取其中的子数据集进行实验。

7.3.2　融合隐性特征的个人推荐算法实验

个人推荐算法是群组推荐算法的基础,本节介绍融合隐性特征的个人推荐算法对数据预处理的方法,详细介绍整个实验过程并选择合理的检验标准,最后对得到的实验结果进行深入的分析。

7.3.2.1　检验标准

当用户使用最终生成的推荐列表辅助决策时,通常只会关注项目表中推荐力度最强的几个项目,推荐力度最弱的项目往往遭到忽视。考虑到这种情形,本节采用 MAP 用以反映推荐系统的推荐性能。

用户在使用推荐列表时,往往对推荐列表中排名前几位的项目最感兴趣而不太会关注排名偏后的项目。针对这一特征,本节以 MAP 来评价推荐算法的效果和准确率。Average Precision 的定义[122]为

$$\mathrm{AP}@n = \sum_{k=1}^{n} P(k)/\mathrm{acc} \tag{7.9}$$

式中:acc 是用户采纳的推荐项目数量;$P(k)$ 表示前 k 个项目中被用户采纳的比例,即推荐系统生成推荐的准确率,当第 k 个推荐未被采纳时,$P(k)$ 设置为 0。MAP 则代表着全部用户的 AP 平均值[123]:

$$\mathrm{MAP}@n = \sum_{i=1}^{N} \mathrm{AP}_i@n/N \tag{7.10}$$

式中:N 代表实验中所有用户的总和;n 代表推荐用户的数量。在 AP 和 MAP 的定义式中,如果推荐项目全部命中则为 1,全部未命中则为 0,值越大代表该推荐模型的预测准确率越精确[124]。

7.3.2.2　数据预处理

通过对数据集的分析可以得知,数据集里的信息主要包含社交行为、类别信息等。由于数据结构比较复杂且数据集中的有些信息对实验并无作用,在实验之前需要对数据集进行预处理。rec_log_train.txt 是训练数据集,其中包含了大约 7000 万条数据,在这些数据记录中,推荐项目被接受的记录约有 500 万条,其余的皆为不接受或没有被看到的记录。由此可见,训练数据集中

存在大量负样本。同样的情况也出现在测试数据集 rec_log_test. txt 中。为了有效解决数据稀疏性的问题,本节选择通过用户的行为信息判断用户是否属于活跃用户,user_action. txt 中包含 1000 多万条用户行为信息,其中记录了用户之间的转发、@、留言评论等行为信息,将这些信息进行统计并排序,选取用户行为总数最多的前 5000 名用户作为活跃用户。在实验中,在训练数据集和测试数据集中将只研究这些活跃用户,经过处理后的数据集大小约为358 MB。

7.3.2.3　实验结果与分析

实验中需要将数据集划分为训练数据集和测试数据集,但按照怎样的比例来划分并没有固定的标准。本实验过程中将分别按照 7∶3、6∶4、5∶5、4∶6、3∶7 的比例划分数据集,形成 5 组实验,分别分析每组实验中隐性特征的加入对实验结果的影响,并比较组与组之间由于划分比例的不同带来的实验结果的差异。

1) 训练数据集和测试数据集的比例为 7∶3

将处理后的数据集首先按照 7∶3 的比例来划分,其中七成的数据作为训练数据集,用于根据算法 7.1 中的融合隐性特征的个人推荐算法来建立融合隐性特征的个人推荐模型,另外三成的数据则作为测试数据集用于检验推荐模型,并且评估推荐模型的准确性。通过使用融合隐性特征的个人推荐算法来训练活跃用户的数据。经过训练得到这些用户对未知项目的预测评分。训练数据集和测试数据集的比例为 7∶3 时的实验结果如表 7.2 所示。

表 7.2　训练数据集和测试数据集的比例为 7∶3 时的实验结果

实验序号	模型描述	MAP	训练代数
0	随机猜测	0.2175	—
1	偏好模型	0.2411	30
2	1+SVD++矩阵分解	0.2413	30
3	2+社会关系	0.3762	15
4	3+内容信息	0.4001	15

表 7.2 列出了当训练数据集和测试数据集的比例为 7∶3 时,融合隐性特征信息后的整体模型的 MAP 实验结果。从表中可以看出,随机猜测的结果是最差的,只要引入了兴趣爱好模型,即使是最简单的模型,其性能也比随机

猜测要好。3 号和 4 号实验在推荐性能方面要明显优于 1 号和 2 号模型。由此可见,各种隐性特征的融入对推荐精度的提升有较为明显的效果。比较数据可得出,社会关系信息的融入对系统提升效果最明显,其次是内容信息,这些隐性特征信息对推荐性能的提升有不同程度的帮助。

2) 训练数据集和测试数据集的比例为 6∶4

将处理后的数据集按照 6∶4 的比例来划分,其中六成的数据作为训练数据集来建立融合隐性特征的个人推荐模型,剩下的四成数据则作为测试数据集用于检验推荐模型,并且评估推荐模型的准确性。通过使用融合隐性特征的个人推荐算法来训练活跃用户的数据,经过训练得到这些用户对未知项目的预测评分。训练数据集和测试数据集的比例为 6∶4 时的实验结果如表7.3所示。

表 7.3　训练数据集和测试数据集的比例为 6∶4 时的实验结果

实验序号	模型描述	MAP	训练代数
0	随机猜测	0.2098	—
1	偏好模型	0.2347	30
2	1＋SVD＋＋矩阵分解	0.2398	30
3	2＋社会关系	0.3645	15
4	3＋内容信息	0.3986	15

表 7.3 列出了当训练数据集和测试数据集的比例为 6∶4 时,融合隐性特征信息后的整体模型的 MAP 实验结果。从表中可以看出,随机猜测的结果依然是最差的,加入了偏好模型和 SVD＋＋矩阵分解模型后,推荐精度有较明显的上升。在加入了社会关系这一隐性特征后,推荐精度的上升幅度最大,同时内容信息的引入对推荐精度的提升幅度也较为显著。另外,对于整体而言,各类序号的推荐模型在训练数据集和测试数据集的比例为 6∶4 时的推荐精度都要比它们的比例在 7∶3 时要略微低一些。

3) 训练数据集和测试数据集的比例为 5∶5

将处理后的数据集按照 5∶5 的比例来划分,其中五成的数据作为训练数据集来建立融合隐性特征的个人推荐模型,其余的五成数据作为测试数据集用于检验推荐模型,并且评估推荐模型的准确性。通过使用融合隐性特征的个人推荐算法,我们训练了数据集中活跃用户的数据,并生成了这些活跃用户的预测评分结果。训练数据集和测试数据集的比例为 5∶5 时的实验结果如表 7.4 所示。

表 7.4　训练数据集和测试数据集的比例为 5∶5 时的实验结果

实验序号	模型描述	MAP	训练代数
0	随机猜测	0.2085	—
1	偏好模型	0.2335	30
2	1＋SVD＋＋矩阵分解	0.2364	30
3	2＋社会关系	0.2879	15
4	3＋内容信息	0.3357	15

　　表 7.4 列出了当训练数据集和测试数据集的比例为 5∶5 时,融合隐性特征信息后的整体模型的 MAP 实验结果。从表中可以看到,在这次实验结果中,3 号实验在 SVD＋＋矩阵分解模型的基础上引入社会关系这一隐性特征后的 MAP 增长幅度为 0.0515;而 4 号实验在 3 号实验的基础之上又引入了内容信息,MAP 增长了为 0.0478。3 号与 4 号实验对推荐模型精度的提升依然是最明显的,但是发现 3 号实验中社会关系的引入对推荐精度的提升幅度和 4 号实验中内容信息的引入对推荐精度的提升幅度之间的差距正在缩小,并且各个序号的实验中的推荐模型精度和前两组实验中相同序号实验的推荐模型精度相比,依然处于下降的趋势。

　　4) 训练数据集和测试数据集的比例为 4∶6

　　将处理后的数据集按照 4∶6 的比例来划分,和第二组实验划分刚好相反,四成作为训练数据集来建立融合隐性特征的个人推荐模型,其余六成作为测试数据集用于检验推荐模型,并且评估推荐模型的准确性。通过使用融合隐性特征的个人推荐算法训练了数据集中活跃用户的数据,并生成了这些活跃用户的预测评分结果。训练数据集和测试数据集的比例为 4∶6 时的实验结果如表 7.5 所示。

表 7.5　训练数据集和测试数据集的比例为 4∶6 时的实验结果

实验序号	模型描述	MAP	训练代数
0	随机猜测	0.2072	—
1	偏好模型	0.2289	30
2	1＋SVD＋＋矩阵分解	0.2314	30
3	2＋社会关系	0.2753	15
4	3＋内容信息	0.3225	15

　　表 7.5 列出了当训练数据集和测试数据集的比例为 4∶6 时,融合隐性特征信息后的整体模型的 MAP 实验结果。从表中可以看到,3 号实验中,在 SVD＋＋矩阵分解模型的基础上引入社会关系这一隐性特征后的 MAP 增长幅度为 0.0439;而引入内容信息后的推荐模型,其 MAP 增长幅度为 0.0472。引入内容信息这一隐性特征对推荐模型精度的提升程度已经略微超过了社会关系的引入对推荐精度的影响,同时各个序号实验中的推荐模型精度仍然低于前三组实验中相同序号实验的推荐模型精度。

　　5) 训练数据集和测试数据集的比例为 3∶7

　　最后一组实验中的数据集按照 3∶7 的比例来划分,其中三成作为训练数据集来建立融合隐性特征的个人推荐模型,剩下的七成作为测试数据集用于检验推荐模型,并且评估推荐模型的准确性。通过使用融合隐性特征的个人推荐算法训练了数据集中活跃用户的数据,并生成了这些活跃用户的预测评分结果。训练数据集和测试数据集的比例为 3∶7 时的实验结果如表 7.6 所示。

表 7.6　训练数据集和测试数据集的比例为 3∶7 时的实验结果

实验序号	模型描述	MAP	训练代数
0	随机猜测	0.2053	—
1	偏好模型	0.2231	30
2	1＋SVD＋＋矩阵分解	0.2306	30
3	2＋社会关系	0.2634	15
4	3＋内容信息	0.3198	15

　　表 7.6 列出了当训练数据集和测试数据集的比例为 3∶7 时,融合隐性特征信息后的整体模型的 MAP 实验结果。从表中可以看到,在随机猜测模型上依次融合 SVD＋＋矩阵分解模型、社会关系、内容信息,推荐模型的 MAP 增长幅度分别为 0.0178、0.0075、0.0328、0.0564。内容信息的引入对推荐模型的精度提升幅度最大,其次是社会关系的引入。

　　比较和分析这 5 组实验结果可以发现,社会关系和内容信息这两种隐性特征的引入对推荐模型性能有很大的提高。当训练数据集所占比例下降时,相同序号实验的推荐精度会呈现下降的趋势,同时,内容信息对推荐精度的提升幅度开始上升并逐渐超过社会关系对推荐精度的提升幅度。由分析可知,这是因为训练数据集比例下降后,构建模型的数据规模变小,训练数据集中所反映的个人偏好信息逐渐减少,造成相同序号的实验出现推荐精度下降的情况;同时,在训练数据集比例下降时,内容信息这一隐性特征所能提供的信息将更加具有实用价值,因此在实验中内容信息对推荐精度的提升幅度反而出现上升的趋势。

7.3.3　融合隐性特征的群组推荐算法实验

在得到融合隐性特征的个人推荐算法所预测的个人用户未知评分后,本小节对融合隐性特征的群组推荐算法设计了相应的实验步骤,并考虑在群组样本规模和群组层级等影响条件下,该算法在各检验标准方面的表现,最后得到相应的实验结果,并进行对比和分析。

7.3.3.1　检验标准

1) MAE[125]

$$
\mathrm{MAE} = \frac{\sum_{u,i \in T} |r_{ui} - \hat{r}_{ui}|}{|T|} \tag{7.11}
$$

MAE 用来检测真实评价值和推荐值之间的偏差,u 代表评估用户数,T 代表项目数。在实验结果中,MAE 的值越小,说明预测值和真实值之间的差距越小,即表示该算法的精确度更高一些[126]。另外,在检验推荐算法的精确度方面,RMSE 也会经常被用到,其计算公式为[127,128]

$$
\mathrm{RMSE} = \frac{\sqrt{\sum_{u,i \in T} (r_{ui} - \hat{r}_{ui})^2}}{|T|} \tag{7.12}
$$

2) 准确率

准确率用于检测算法推荐的准确度,在推荐给用户的群组用户项目中,$T(u)$ 代表用户喜爱的项目数目,$R(u)$ 代表推荐项目总数,准确率用 $T(u)$ 和 $R(u)$ 的比例来衡量,计算公式为[129,130]

$$
\mathrm{Precision} = \frac{\sum_{u \in U} |R(u) \cap T(u)|}{\sum_{u \in U} |R(u)|} \tag{7.13}
$$

3) 召回率

召回率是推荐系统评价的标准之一,具体计算公式为[131]

$$
\mathrm{Recall} = 提取出的命中项目数/样本项目总数 \tag{7.14}
$$

7.3.3.2　实验设计

在数据集 item.txt 中存在用户的层级分类信息,例如,吴恩达的分类信息为机器学习-互联网-IT-科学技术[132,133]。在该层级分类结构中,从左到右设为 1~4 级别,前者依次是后者的子类,其中 1 级别最低而 4 级别最高,级别越低的群组分类越细致;某一用户在归属于某个子类的同时也归属于该子类的父类;而处于同一分类中的用户可以视为一个群组,因此利用 item.txt 数据集的这些特点可以进行融合隐性特征的群组推荐算法研究。

在实验过程中需要得到群组对某个对象的实际评分作为检验预测评分的标准来进行比较和分析。已知数据集中记录了每个用户对项目的评分,对于某一个项目,可以累计群组内所有对该项目的实际评分之和,作为群组对该项目的整体实际评分,然后对所有待推荐的对象按照实际评分高低进行降序排列,取前 n 个对象作为推荐项目,生成推荐项目列表,该列表将作为实际评分推荐列表与后续实验中的预测评分推荐列表进行比较,并检验预测推荐列表的准确性。

在前面融合隐性特征的个人推荐算法的实验中已经得到了单个用户的预测未知评分,接下来需要将群组中每位成员的预测未知评分融合为群组的评分,在使用本章的融合隐性特征的群组推荐算法的同时,本实验还在相同数据集上使用最小忍耐度和平均满意度的融合策略进行实验,具体的实验过程如下。

(1) 在融合隐性特征的个人推荐算法得到每个用户的预测评分后,在数据集中找到其他归属于同一群组的用户的预测评分。

(2) 首先利用最小忍耐度的方法将个体用户的预测评分进行融合,该方法会将群组用户中评分最低的结果作为群组对该项目的群组预测评分。

(3) 然后将平均忍耐度的方法作为融合策略对个体用户的预测评分进行融合,该方法将群组中用户对某一项目的预测评分的平均分值当作群组对该项目的群组预测评分。

(4) 最后使用本章的融合隐性特征的群组推荐算法来聚合个体用户的预测评分。该方法建立在融合隐性特征的群组权重计算方法得到的各群组用户的权重值的基础之上,将群组用户的权重矩阵与群组用户的预测评分矩阵结合,最终按照最大满意度的思想,对推荐项目进行降序排列,选取前 n 名项目作为群组推荐列表。

7.3.3.3　实验结果与分析

一个群组内部成员的规模可以很大,而实验条件所能处理的数据规模却有限;同时,鉴于数据集的层级分类结构,选择处于何种层级的群组也是需要考虑的因素。本实验结果主要反映出在群组样本规模和群组层级这两个影响因素条件下,最小忍耐度、平均忍耐度和融合隐性特征的群组推荐算法在MAE、准确率、召回率等实验指标上的表现。

1) 群组层级固定,群组样本规模不断扩大

如图 7.7 所示,item.txt 数据集上的群组有 4 个层级分类,首先将群组层级设定为 4。从 MAE 指标来看,MAE 值越小说明预测值和真实值之间的差距越小,即表示该算法的精确度更高。实验发现,最小忍耐度和平均忍耐度所计算结果的 MAE 值会随着群组样本规模的增大呈现出增加的趋势。由分析可知,当用户的群组样本扩大时,由于相应的群组层级不变,样本数量的增多导致群组内部信息的复杂程度和多元性提高,使 MAE 值呈递增趋势;而对于融合隐性特征的群组推荐算法,随着规模的不断增加,该算法引入的群组用户权重体系会使群组的偏好更加明显且内聚,提高了推荐的准确性,使 MAE 值趋于平缓并没有随着群组样本规模的增加而增加。

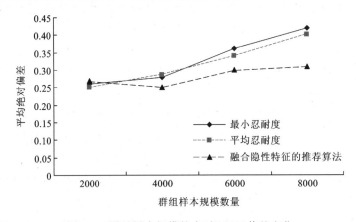

图 7.7　群组样本规模扩大时 MAE 值的变化

如图 7.8 所示,对于准确率而言,最小忍耐度和平均忍耐度方法的准确率会一直持续下降,这是由于群组规模的扩大使用户反馈的信息呈现多元化,仅靠单一的融合方法无法维持较高的准确率。而融合隐性特征的群组推荐算法的准确率出现先上升后平稳的情况。这是因为在群组规模增长的初期,隐性

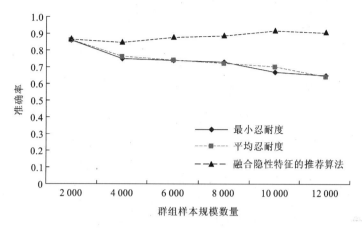

图 7.8　群组样本规模扩大时准确率的变化

特征能够较为准确地反映群组用户的喜好,此时准确率会出现上升的趋势;但是当用户规模持续增长时,隐性特征信息对推荐系统准确率的提升就达到了一个饱和的临界值,因此准确率开始呈现平稳的趋势。

至于召回率,如图 7.9 所示。三种类型的算法均会随着群组规模的扩大而下降。这是因为群组规模数量增长使数据更加复杂且基数庞大,导致算法正确命中的项目数逐渐减少,而基数增加导致正确的样本总数也在增加,因此召回率的值均呈现下降的趋势。

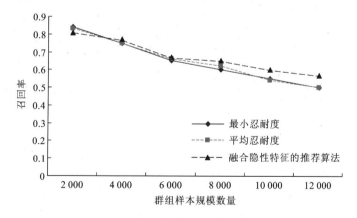

图 7.9　群组样本规模扩大时召回率的变化

2) 群组样本规模固定,群组层级降低

如图 7.10 和图 7.11 所示,随着群组层级的降低,融合隐性特征的群组推荐算法的 MAE 值明显比 SVD 群组推荐算法和 NMF 群组推荐算法更为稳

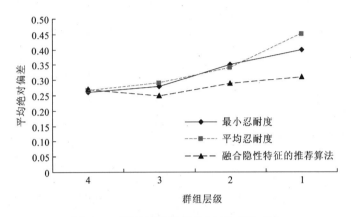

图 7.10　群组层级降低时 MAE 值的变化

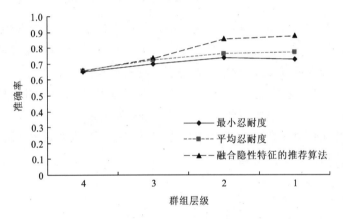

图 7.11　群组层级降低时准确率的变化

定。这是因为当群组规模不变而群组层级降低时,用户群组的分类被细化,这时需要详尽的用户爱好信息才能更加准确地得到群组偏好信息。相比最小忍耐度和平均忍耐度而言,融合隐性特征的群组推荐算法所包含的隐性特征信息能够更加准确地反映用户的爱好信息,因此其 MAE 值相对更稳定,准确率也较高。

如图 7.12 所示,三种算法的召回率随着群组层级的降低均呈现递增的趋势,融合隐性特征的群组推荐算法的递减速率比其他两种算法要快,这是因为在群组层级降低的过程,融合隐性特征的群组推荐算法能够更加精确地反映出用户信息,使提出的命中项目数增多。

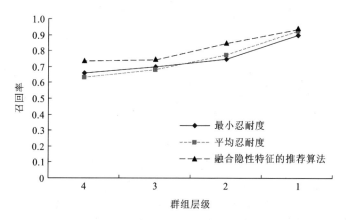

图 7.12　群组层级降低时召回率的变化

第8章 分布式群组推荐方法

8.1 并行架构及算法描述

本章主要使用的是 MapReduce 并行架构,其基于 Hadoop 平台。MapReduce 是由 Google 公司提出的专门针对大数据进行并行处理的软件框架。简单地说,MapReduce 就是一个编程模型,其定义了自己的编程模式,用分而治之的思想将整个程序的执行过程用任务制来体现。整个任务大体上分为 Map 和 Reduce 两个阶段,Map 阶段将任务划分为多个互不影响的子任务并行处理,然后通过 Reduce 将子任务结果整合成最终结果。而且整个数据在 HDFS 的读出和写入格式都是以键值对形式进行的,如<key,value>。本章的分布式研究依托的另一个工具是 Mahout,Mahout 是 Apache 旗下的一个可拓展数据挖掘、机器学习算法库,实现了一些较为经典的机器学习算法。本章研究的矩阵分解算法依赖于 Mahout,并在此基础上进行了改进[61,134]。

8.1.1 LUALS-WR 算法描述

本章提出的 LUALS-MR 基于 MapReduce 实现了 SVD 分解的并行化,本算法主要采用交替最小二乘(ALS)作为模型的优化方法,通过固定 P、Q 矩阵中的一个来更新另一个,迭代更新至效果最佳,伪代码如算法 8.1 所示。

算法 8.1　基于 LU 分解的分布式矩阵分解 LUALS-WR

输入:评分记录 records,正则化项参数 lambda,训练及比例系数 train_pro,隐因子数量 numFeatures,迭代次数 N。

输出:矩阵 P、Q。

---

1. (TrainSet,TestSet)= Dataspilt(recordstrain_pro);	//划分训练集和测试集
2.　ItemRatings = item_rat(TrainSet);	//获得每个项目的评分
3.　UserRatings = user_rat(TrainSet)	//获得每个用户的评分
4.　AverageRatings = ave_rat(TrainSet);	//获取每个项目的平均分
5. Initial p_i;	//初始化用户特征向量

```
6. parallelALS Job do                                      //并行化更新
7.   for(1 to N)do
8.     Fixed P,Function(P)do                               // 固定 P,求 Q
9.     FUVector = vec_u(AverageRatings,UserRatings)//计算用户特征向量
10.    Matrix Mili = T(FUVector);                          //Mili 表示 FUVector 的转置
11.    Matrix Rili = T(ratingVector);                      //Rili 表示打分向量的转置
12.    Matrix Ai = T(Mili)* Mili;                          //Ai 为 Mili 的转置×Mili
13.    Matrix Vi = Mili* Rili;
14.    Matrix Ui= LUDecomposition(Ai);                     //采用 QR 分解求 Ai 的逆矩阵
15.    Matrix Q = Ui* Vi;
16.    Return Q:
17.    Fixed Q Function(Q)do;                              //固定 Q 矩阵,求 P
18.      ⋮                                                 //与上面相同的方法
19.    return Q;
20.    end for
```

LUALS-WR 算法的时间复杂度主要集中在并行工作上,即 parallelALS Job 中的 Job 上。假设 Ai 为一个 $n\times n$ 的矩阵,分解成一个 $n\times k$ 的矩阵和一个 $k\times n$ 的矩阵的乘积,即 $Ai=L\times U$,这里的 L 为下三角矩阵,U 为上三角矩阵,时间复杂度为 $O(n^3)$。加上最外层的迭代次数 N,整体的时间复杂度为$O(Nn^3)$。

该算法的具体步骤如下。

(1) 数据集划分,将评分记录按一定的比例随机划分为训练集和测试集。

(2) 计算 ItemRatings。以 itemID 为单位,统计每个 user 对该 item 的打分,结果最终以<key,value>形式存储。

(3) 计算 UserRatings。以 userID 为单位,统计该 user 对每个 item 的打分,结果以<key,value>形式存储。

(4) 计算 AverageRatings。以 itemID 为单位,统计每个 item 所获得的打分的平均分。

(5) 初始化用户特征向量。

(6) 并行迭代更新 P、Q 矩阵。

以下为各个特征向量的结构:

ItemRatings:⟨key,vlaue⟩⟨ItemID:[UserID:rating,UserID:rating, …]⟩;

UserRatings：⟨key, value⟩⟨userID, [ItemID：rating, ItemID：rating, …]⟩；

AverageRatings：⟨key，value⟩⟨0，[itemID：averageRating，itemID：averageRating，…]⟩。

以 user1 为例，用户特征向量的求解过程如图 8.1 所示。

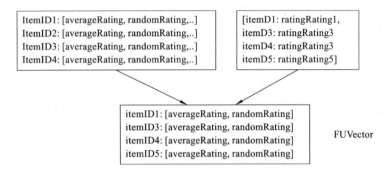

图 8.1　用户特征向量求解过程

Mili 矩阵见表 8.1。

表 8.1　Mili 矩阵

	Item1	Item2	…	Item$n$
Feature0	averageRating	averageRating	averageRating	averageRating
Feature1	randomRating	randomRating	randomRating	randomRating
…	randomRating	randomRating	randomRating	randomRating
Feature$n$	randomRating	randomRating	randomRating	randomRating

Rili 矩阵见表 8.2 所示。

表 8.2　Rili 矩阵

Item1	ratings
Item2	ratings
…	ratings
Item$n$	ratings

通过分析 LUALS-WR 算法的伪代码和算法步骤可知，LUIALS-WR 算法的核心问题集中在了 P、Q 矩阵的并行迭代更新上。主要体现在两个方面：①任务节点上特征向量的更新求解（算法 8.1 第 10~15 行）；②并行化任务粒度的划分（算法 8.1 的第 6 行 parallelALS Job）。下面重点介绍这两方面的内容。

8.1.2　基于 LU 分解的特征向量更新

由 LUALS-WR 算法伪代码(算法 8.1)可知,在对特征向量的求解过程中,本算法采用 LU 分解来求中间矩阵 Ai 的逆矩阵 Ui,最后通过 Ai 与 Vi 做内积求出特征向量,进而完成特征矩阵的更新。相较于原始的 SVD 并行模型 ALS-WR[135] 采用 QR 分解求 Ai 的逆,整个算法获得了效率上的提升。

8.1.2.1　QR 分解求逆矩阵的问题

原始的 SVD 并行算法 ALS-WR 在完成了一定的任务分割之后,在各个节点的特征向量更新中采用 QR 矩阵分解的方法来求 Ai 的逆矩阵 Ui。下面详细讨论 QR 矩阵分解求 Ai 的逆矩阵过程。

对于任意一个实矩阵 A,若 A 非奇异,则 A 可以分解为一个正交矩阵和一个上三角矩阵的乘积,$A=QR$,即 QR 分解。其中,Q 为正交酉矩阵,R 为一个对角线元全为 0 的上三角矩阵。由线性代数的相关定理可知正交矩阵的逆等于其转置,$Q^{T}=Q^{-1}$,并且上三角矩阵 R 的逆矩阵仍为上三角矩阵。那么在求 A 的逆时,可将 A 矩阵先 QR 分解为 Q 和 R,然后通过三角矩阵的迭代运算求逆,从而求原始矩阵 A 的逆,A 的逆为 R 的逆与 Q 的共轭转置的乘积,即

$$A^{-1}=R^{-1}Q^{H} \tag{8.1}$$

下面给出上三角矩阵的逆矩阵的具体求法。

假设矩阵 R 为上三角矩阵,R 表示为 $R=(R_{ij})_{m\times n}$,当 $i>j$ 时,$V_{k,k+m}=-\sum_{j=1}^{m}R_{k,k+j}\cdot V_{k+j,k+m}/R_{kk}(1\leqslant m\leqslant n-1,1\leqslant k\leqslant n-m)$,并且当 $i=j$ 时,$R_{ij}\neq 0$。R 的逆表示为 $R^{-1}=(V_{ij})_{m\times n}$,$V_{ij}$ 分下面三种情况求得。

(1) 当 $i>j$ 时,$V_{ij}=0$。

(2) $V_{kk}=R_{kk}^{-1}$ $(1\leqslant k\leqslant n)$。

(3) $V_{k,k+m}=-\sum_{j=1}^{m}R_{k,k+j}\cdot V_{k+j,k+m}/R_{kk}$ $(1\leqslant m\leqslant n-1,1\leqslant k\leqslant n-m)$。

因此,原始矩阵 A 的求逆过程如下。

(1) 首先将原始矩阵 A 进行 QR 分解,分解为正交矩阵 Q 和上三角矩阵 R。

(2) 利用上述方法求上三角矩阵 R 的逆 R^{-1}。

(3) 根据式(8.1)求原始矩阵 A 的逆,$A^{-1}=R^{-1}Q^{H}$。

上述步骤介绍了利用 QR 分解来求一个矩阵的逆,这种方法稳定,并且差异性小,但是存在着时间复杂度高的特点。例如,对于一个 $n \times n$ 的矩阵,采用 QR 分解来求其逆矩阵,其时间复杂度为 $O(2n^3)$。所以在完成特征矩阵更新时,需要进行大量的 QR 分解求逆,会造成大量耗时,大大降低了整个 SVD 并行算法的效率。

8.1.2.2 矩阵的 LU 分解

研究发现,在求大规模稀疏矩阵的广义逆矩阵的方法中,除了 QR 矩阵分解以外,还有 SVD 分解和 LU 分解。虽然 SVD 分解最稳定,但是 SVD 分解需要将原始矩阵分解为 3 个矩阵,对于大规模数据集来说,矩阵的维度都比较大,并且基于 MapReduce 框架,在 Hadoop 上完成实验,每次矩阵更新的中间结果都会写入 HDFS,这就造成了很大程度上的空间复杂度的提升,还会加大实验难度。LU 分解在不改变空间复杂度的情况下,相比于 QR 分解其效率要高出不少。本章研究的腾讯微博数据集有 3.8 GB,而且打分记录中还存在大量的空缺项,所以用户特征矩阵和项目特征矩阵就会很大,数据具有稀疏性。面对如此大规模的稀疏矩阵,只需要求其广义逆矩阵,使之尽可能逼近真实逆矩阵即可。所以本章考虑用 LU 分解的方法求 Ai 的逆来更新特征向量,以此来提高整个算法的执行速度,将改进后的 SVD 并行算法命名为 LUALS-WR 算法。

矩阵的 LU 分解又称为矩阵的三角分解,它是将原始矩阵分解为一个下三角矩阵和一个上三角矩阵的乘积,即 $A = LU$,其中,L 为下三角矩阵,U 为上三角矩阵。通过 LU 分解求逆矩阵主要有以下三个步骤。

(1) 将原始矩阵 LU 分解,$A = LU$。

(2) 对下三角矩阵 L 求其逆矩阵 L^{-1},上三角矩阵 U 求其逆矩阵 U^{-1}。

(3) 计算原始矩阵 A 的逆矩阵 $A^{-1} = (LU)^{-1} = U^{-1}L^{-1}$。

以下具体分析 LU 分解的求解过程,将 $A = LU$ 矩阵表示为

$$
A = \begin{bmatrix} a_{11} & \cdots & a_{1r} & \cdots & a_{1n} \\ \vdots & & \vdots & & \vdots \\ a_{r1} & \cdots & a_{rr} & \cdots & a_{rn} \\ \vdots & & \vdots & & \vdots \\ a_{n1} & \cdots & a_{nr} & \cdots & a_{nn} \end{bmatrix} = \begin{bmatrix} 1 & & & & \\ \vdots & \ddots & & & \\ a_{r1} & \cdots & 1 & & \\ \vdots & & & \ddots & \\ L_{n1} & \cdots & a_{nr} & \cdots & 1 \end{bmatrix} \begin{bmatrix} U_{11} & \cdots & U_{1r} & \cdots & U_{1n} \\ & \ddots & \vdots & & \vdots \\ & & U_{rr} & & U_{rn} \\ & & & \ddots & \vdots \\ & & & & U_{nn} \end{bmatrix}
$$

$$(8.2)$$

主要是将矩阵 A 分解为对角线元全为 1 的下三角矩阵 L 和上三角矩阵

U。然后通过迭代算法一次计算出 L 矩阵和 U 矩阵中的各个元素。具体的迭代求解公式为

$$U_{0j}=a_{0j}, \qquad\qquad j=0,1,2,\cdots,n-1 \qquad\qquad (8.3)$$

$$l_{i0}=\frac{a_{i0}}{u_{00}}, \qquad\qquad i=0,1,2,\cdots,n-1 \qquad\qquad (8.4)$$

$$u_{rj}=\frac{a_{rj}-\sum_{k=1}^{r-1}l_{ik}u_{kj}}{l_{rr}}, \quad r=0,1,2,\cdots,n-1;j=r,\cdots,n-1 \qquad (8.5)$$

$$l_{ir}=\frac{a_{ir}-\sum_{k=1}^{r-1}l_{ik}u_{kr}}{u_{rr}}, \quad r=0,1,2,\cdots,n-1;i=r+1,\cdots,n-1 \qquad (8.6)$$

通过式(8.3)~式(8.6)可以看出 LU 分解过程中是先求 U 矩阵再求 L 矩阵。求 U 的过程从第 1 行开始迭代至第 n 行,而求 L 的过程是从第 1 列迭代至第 n 列。

下面介绍逆矩阵 L^{-1} 和 U^{-1} 的求解过程。

以 4 阶矩阵为例来讨论 L 的逆矩阵 L^{-1} 的求解。设其逆为 l,根据 $Ll=E$,有如下求解公式:

$$l_{ij}=l_{ij}^{-1}, \quad i=j \qquad\qquad\qquad (8.7)$$

$$l_{10}=-l_{00}(l_{11}L_{10})\cdots \qquad\qquad\qquad (8.8)$$

$$l_{20}=-l_{00}(l_{21}L_{10}+l_{22}L_{20})\cdots \qquad\qquad\qquad (8.9)$$

$$l_{30}=-l_{00}(l_{31}L_{10}+l_{32}L_{20}+l_{33}L_{30})\cdots \qquad\qquad (8.10)$$

根据式(8.7)~式(8.10),即可得到 L 的逆矩阵 l 的各个元素为

$$l_{ji}=\begin{cases}l_{ii}^{-1}, & i=j\\ -l_{ii}(\sum_{k+i+1}^{j}L_{jk}l_{ki}), & i<j\\ 0, & i>j\end{cases} \qquad (8.11)$$

同理可以得到 U 的逆矩阵 u 的各个元素为

$$u_{ji}=\begin{cases}u_{jj}^{-1}, & i=j\\ -\frac{1}{u_{jj}}(\sum_{k+j+1}^{i}U_{jk}u_{ki}), & i>j\\ 0, & i<j\end{cases} \qquad (8.12)$$

计算出 L^{-1} 和 U^{-1} 之后,直接根据 $A^{-1}=(LU)^{-1}=U^{-1}L^{-1}$ 计算出原始矩阵 A 的逆矩阵 A^{-1},具体的迭代求解公式为

$$A^{-1}[i][j] = \sum_{k=j}^{n} u[i][k] \times l[k][j] \qquad (8.13)$$

通过 L、U 矩阵求逆的公式可以看出，L 和 U 的求逆过程同样是一个迭代的过程，n 维的矩阵迭代 $n-1$ 次即可。其中，L 矩阵的行列均按顺序执行迭代，而 U 矩阵的行按顺序、列按倒序迭代。整个计算直至填满 L^{-1} 和 U^{-1} 矩阵。

进行 LU 分解时，对于一个 n 维的矩阵，如果分解为 LU，则时间复杂度为 $O(n3)$，若分解为 LDU，则时间复杂度为 $O(n3/3)$。虽然最后的数量级都是 $n3$，但是在矩阵维度 n 非常大的情况下，由于前面的系数不同，将直接导致运行时间的巨大差异。LU 分解相比于 QR 分解会获得很大的速度提升，并且随着 n 越来越大，加速效果越来越明显。

所以在分布式各个节点上，当求出 Ai 之后，如前所述，采用 LU 矩阵分解的方法来求其逆矩阵，最后根据 Ai×Vi 来求得项目特征向量 qi。最后整合所有的项目特征向量即可得到项目特征矩阵 Q。算法 8.2 以固定 P 求 Q 为例给出更新步骤的算法伪代码。

算法 8.2　更新特征向量算法

输入：用户特征矩阵 P，正则化项参数 lambda。
输出：Q。

```
1. Fun Q = Update_Q(lAcols,P);        //固定 P,更新 Q
2.    Lam_I = lambda* eye(Nf);
3.    Lq = zeros(Nf,Nlq);lQ = single(lQ);
4.    for(q in 1/Nlq)
5.      Users = find(lAcols(q));       //特征矩阵 Q 中的一个特征向量 q
6.      Uq = U(users);                 //共享用户特征向量
7.      Vi = Uq* full(lAcols(users,q));
8.      Ai = Uq*Uq'+locWtQ(q)*lam_I;
9.      Y= Ai\Vi                        //Ai 的逆乘以 Vi
10.      lQ(q)= Y;
11.    end for
12.    Q = merge(darry(lQ));
```

其中求逆矩阵的时间复杂度同算法 8.1。这里假设项目特征矩阵 Q 的维度为 k，则更新项目算法的复杂度为 $O(n^3 k)$。

8.2　分布式矩阵分解模型求解

由前面 LUALS-WR 算法的描述可知,P、Q 矩阵的并行迭代更新过程的另一个核心问题就是 Hadoop 集群上任务粒度的划分。具体的任务分割需要根据模型求解来确定。求解过程是采用先确定损失函数,然后通过并行迭代的方法不断优化损失函数来确定模型参数,即 P、Q,所以主要的过程就是目标函数的并行优化。比较常用的优化方法有 SGD 和 ALS 两种。

8.2.1　SGD 和 ALS

8.2.1.1　SGD 算法

SGD 算法是被广泛接受的用于优化目标函数的方法。它先通过初始化评分和参数,然后通过学习步长来不断地更新这些参数和隐变量。通过迭代一定的次数来逐渐减小损失函数,直到达到最优解或者局部最优解,每次迭代都会衰减学习步长,以此来减少振荡。具体的求解公式和伪代码在前面已经分析过,此处不再赘述。SGD 算法的效率高且容易实现。

由 SGD 算法分析可知,SGD 算法优化损失函数每一步更新的参数多,并且参数同步更新,所以优化速度快。但是 SGD 算法的局限性同样很明显,由于 SGD 算法是顺序执行的,在针对大数据并行处理时,用 SGD 算法来优化损失函数则存在一定的问题,主要体现在数据相关性和数据存储限制上。

数据相关性即数据共享问题。任务并行化的基础是数据要分块存储,按照 Hadoop 中的 HDFS 将数据分块存储在各个子节点上。当使用多个子节点或者进程来执行 SGD 算法时,各个节点取得数据中可能存在数据共享,也就是子节点上所选取的子评分集中可能包含属于同一个项目或用户的隐变量,这样就会造成更新冲突,影响优化。

采用分布式矩阵分解的目的就是针对大数据进行并行化计算,解决大数据的存储和计算问题。对于大数据,SGD 算法自身也存在着数据存储限制。假设数据集中的用户数量为 m,系统的规模为 n,所选的隐因子的数量为 f,则最终需要拟合的参数个数为 $f(m+n)$。设有 2 000 000 个用户,系统规模为 200 000,选取的隐因子数量为 100,数据存储单位为 8 B,每次迭代存储这些参数就要占用 1.76 GB。可以看出,对于大数据,SGD 算法占用了很大的空间,所以 SGD 算法的并行化存在很大的局限性。

2）ALS 算法

ALS 算法的核心思想是交叉学习,通过固定一个变量来更新另一个变量,如此反复交替进行更新,直到损失函数达到最优或者局部最优。这里记损失函数为

$$L^{\text{emp}}(R,\tilde{r}) = \sum_{(i,j)\in R} q_{j,k} \, (p_i^{\text{T}} q_j - r_{i,j})^2 + \lambda(|p_{i,k}|^2 + |q_{j,k}|^2), \quad \forall k,i$$

$$(8.14)$$

式中:$\tilde{r}$ 是预测评分矩阵;p 为用户特征矩阵;q 为项目特征矩阵。由式(8.14)可知该损失函数是一个非凸函数,所以可以运用 ALS 的思想,固定 P、Q 中的一个,然后对另外一个变量矩阵采用求导、求极值的方式来求出另一个变量矩阵,如此来更新 L^{emp}。先固定 P 求 Q,然后固定 Q 求 P,如此反复地交替进行。经过一定次数的迭代,最终确定 P 和 Q,进而求得预测评分矩阵 $\tilde{r}$。ALS 算法流程见算法 8.3。

算法 8.3　　ALS

输入:训练集 TrainSet,正则化项参数 λ,迭代次数 N。
输出:最终用户特征矩阵 P,项目特征矩阵 Q。

---

1. Initial(P,Q);	//初始化特征矩阵 P、Q
2. for 1 to N do	//迭代 N 次
3.　 fixed P;	//固定矩阵 P,求 Q
4.　 Q = als_tr(λ,P);	
5.　 fixed Q;	//固定矩阵 Q,求 P
6.　 P = als_tr(λ,Q);	

通过分析算法 8.3 可知,算法过程只用到 n 次迭代,所以 ALS 算法的复杂度为 $O(n)$。

ALS 算法的流程如图 8.2 所示。

下面为 ALS 算法的公式推导过程。为了方便求导计算,现将损失函数用向量表示为式(8.14)。

为了使求导后的常数系数项为 1,所以将式(8.14)乘以 1/2 后再求导可得

$$\frac{L^{\text{emp}}(R,\tilde{r})}{\partial p_{i,k}} = \sum_{(i,j)\in R} q_{j,k} * (p_i^{\text{T}} q_j - r_{i,j}) + \lambda p_{i,k}, \quad \forall k,i \qquad (8.15)$$

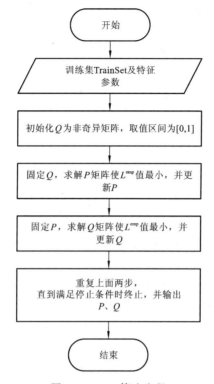

图 8.2　ALS 算法流程

根据 $p_i^{\mathrm{T}} q_j = q_j^{\mathrm{T}} p_i$，令以上导数为 0，求极值可得

$$\sum_{(i,j) \in R} q_{j,k} q_j^{\mathrm{T}} p_i + \lambda p_{i,k} = \sum_{(i,k) \in R} q_{j,k} * r_{ij}, \quad \forall k, i \qquad (8.16)$$

对于式(8.16)，消去变量 k，则更新为

$$\Big(\sum_{(i,j) \in R} q_j q_j^{\mathrm{T}} + \lambda E \Big) p_i = \sum_{(i,k) \in R} q_j * r_{ij}, \quad \forall i \qquad (8.17)$$

对式(8.17)进行消元处理，将式(8.18)中的向量和用矩阵表示为

$$q_j = (P_{I_j} P_{I_j}^{\mathrm{T}} + \lambda E)^{-1} P_{I_j} R\,(I_j, j)^{\mathrm{T}}, \quad \forall j \qquad (8.18)$$

由以上公式求出 p_i 为

$$p_i = (P_{I_i} P_{I_i}^{\mathrm{T}} + \lambda E)^{-1} P_{I_i} R\,(i, I_i)^{\mathrm{T}}, \quad \forall i \qquad (8.19)$$

式中：P_{I_i} 表示 P 矩阵中 $i \in I_i$ 列的子矩阵；$R(i, I_i)$ 表示 R 矩阵的第 i 行，$i \in I_i$ 列的子矩阵。

　　从 ALS 算法的求解步骤可以看出，当固定一个矩阵时，剩下的矩阵拆分成特征向量并不包含重复的数据，例如，当固定矩阵 P 时，项目特征向量是相互独立的，非常适合进行并行计算，完全适合并行更新，所以本章选用 ALS 算法来优化损失函数。

8.2.2　基于 MapReduce 的分割策略

从损失函数的优化方法分析可知 ALS 算法非常适合并行实现,它将 P、Q 固定其一来求另一个。在求矩阵时,都是分开一个个求其特征向量,求解完所有特征向量整合起来就是特征矩阵。当固定一个矩阵时,待求特征矩阵属于不同用户或项目的特征向量是独立不相关的,所以完全可以拆分成多个任务并行更新。理论上,矩阵 P、Q 是按照行来进行分割的,按照这种方法将用户特征矩阵分成 p 份,将项目特征矩阵分成 q 份,每个节点负责计算 p 和 q 中的一份。但是实际上,根据公式 $\widetilde{R}=P \cdot Q^{\mathrm{T}}$ 可以发现,参与运算的是 Q 矩阵的转置矩阵,所以在对评分矩阵 R 按照项目划分时,是按列划分成一个个的项目特征向量。

从以上分析来看,采用网格的思想对 P、Q 进行划分。对于 P,若 user％m＝x,则用户 user 被分到第 x 组。对于 Q,若 item％n＝y,则项目 item 被分到第 y 组,总共将矩阵 P、Q 分割成了 $m×n$ 组。最后根据 x、y 进行数据分块然后分发到子节点,同一 x 值、同一 y 值分在同一组。

然后利用 Hadoop 的共享机制共享之前固定的矩阵,例如,当固定矩阵 P 更新 Q 时,对于 P 矩阵中的用户 u,user％m＝x,则向其提供用户特征向量 p_x。

基于 MapReduce 的 SVD 矩阵分解如图 8.3 所示。

通过前面的 Map 与 Reduce 思路,在读入的三元组评分记录 records 后,通过前面的分组策略首先计算出其在哪个数据块,存储到对应的子节点上,然后通过固定矩阵中的共享向量来求其特征向量。

例如,当固定矩阵 P,更新矩阵 Q。Map 阶段,读入数据 records〈user,item,ratings〉,那么这条记录属于数据块(user/m,item/n),然后在该节点上根据

$$q_j = (P_{Ij}P_{Ij}^{\mathrm{T}} + \lambda E)^{-1} P_{Ij} R (I_j, j)^{\mathrm{T}}, \quad \forall j \tag{8.20}$$

计算这次迭代的特征向量 $q_{k,j}$,k＝user/m,即提供的用户特征向量是 p_k。根据图 8.3 可知,k 的取值为 $[0, m-1]$,所以最后在 Reduce 阶段,通过将所有 k 值在 $[0, m-1]$ 区间的 $q_{k,j}$,向量 merge 起来得出最后的项目特征向量 q_j。同理可求用户特征向量 p_i。

具体求解 q_j 的 Map/Reduce 过程如图 8.4 所示。

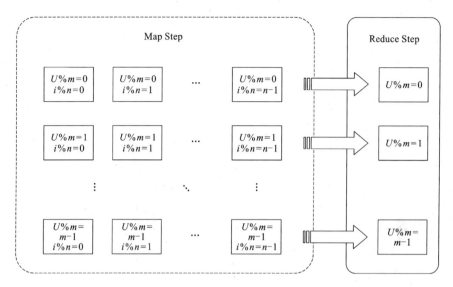

图 8.3　基于 MapReduce 的 SVD 分解示意图

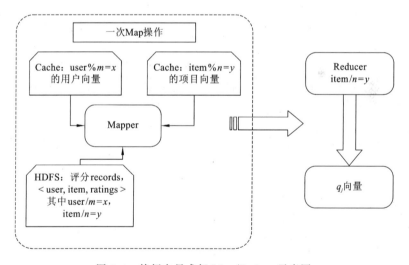

图 8.4　特征向量求解 Map/Reduce 示意图

8.2.3　实验结果与分析

本节的实验在前面分析的基于 SVD 矩阵分解模型的基础上，基于 Hadoop 分布式平台和 Mahout 机器学习库并行实现。然后根据其分布式存在的不足，进行改进的分布式推荐模型实验，即基于 LU 分解求逆的 ALS-WR。最后分析单机版,ALS-WR 和 LUALS-WR 的 RMSE 和 RUN_TIME,即推荐精度和推荐效率(运行时间)。

本次实验环境 Hadoop 集群总共有 5 个节点:1 个主节点,4 个子节点。每个节点为双核 CPU,8 GB 内存,20 GB 硬盘空间。为了实验结果对比分析,本次实验采用的数据集是 KDD Cup 2012 Track 1 中的腾讯微博数据集。数据集大小约为 1.37 GB。测试集和数据集的比例按照 2∶8 来划分。讨论的主要因素有两点。①隐因子模型,即在不同数量隐因子的影响下,其推荐精度的比较。选取 12 组隐因子完成实验,隐因子数量分别选择为 5、10、15、20、25、30、40、50、60、100、200、300;②推荐效率,即程序执行时间。采用交叉验证的方式给出最后的实验结果,并且每组实验的最终结果选用 30 次实验结果的平均值来保证结果的准确性和可靠性。在完成了各自的分布式实验及实验分析之后,对比前面的单机版矩阵分解模型,综合考虑推荐精度和推荐效率,分析分布式矩阵分解模型和单机版矩阵分解模型的推荐效果。

表 8.3 和表 8.4 为在以上 12 组不同隐因子数量下,ALS-WR 模型和 LUALS-WR 模型下最终的均方根误差 AVE_RMSE 和运行时间 AVE_RUNTIME。

表 8.3　ALS-WR 模型隐因子变化分析表

实验编号	迭代次数	隐因子数量	AVE_RMSE	AVE_RUNTIME/min
1	15	5	1.0115916	17.1186
2	15	10	1.0095203	19.7950
3	15	15	1.0107476	23.7792
4	15	20	1.0084512	28.6111
5	15	25	1.0047560	35.0656
6	15	30	1.0031046	43.9893
7	15	40	1.0021725	54.3239
8	15	50	1.0017536	81.9713
9	15	60	1.0015141	123.3482
10	15	100	1.0021034	343.1453
11	15	200	1.0026816	818.3742
12	15	300	1.0040534	1456.1245

表 8.4 LUALS-WR 模型隐因子变化分析表

实验编号	迭代次数	隐因子数量	AVE_RMSE	AVE_RUNTIME/min
1	15	5	1.0163956	11.4348
2	15	10	1.0148311	13.1440
3	15	15	1.0137736	15.7372
4	15	20	1.0142512	18.8354
5	15	25	1.0129604	23.0387
6	15	30	1.0115563	28.9973
7	15	40	1.0071413	35.4126
8	15	50	1.0047432	53.0556
9	15	60	1.0028142	79.1199
10	15	100	1.0034034	216.9058
11	15	200	1.0037431	503.3050
12	15	300	1.0049143	880.8978

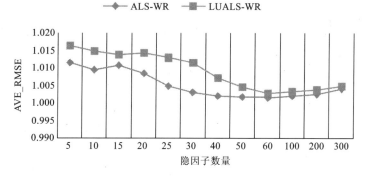

图 8.5 ALS-WR 和 LUALS-WR 隐因子变化分析图

通过图 8.5 可以直观地看出改进后的 LUALS-WR 模型的精度要略低于 ALS-WR 模型,而且在隐因子比较小时,如 5~30 时,AVE_RMSE 的值相对偏高,拟合效果不是太好。但随着隐因子数量的增多,精度越来越接近,拟合效果越来越好。改进后同样是在隐因子数量为 60 时效果达到最佳,与原 ALS-WR 的精度只相差 0.001 左右。而且随着隐因子数量继续增大,曲线越来越接近,可以看出,改进的用 LU 分解求逆矩阵的方法,适合用于大规模的稀疏矩阵。当矩阵维度很高时,拟合效果很理想。

分布式与单机版的总体 AVE_RMSE 对比如图 8.6 所示。

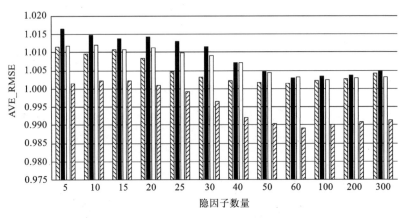

图 8.6　分布式与单机版的总体 AVE_RMSE 对比图

通过图 8.6 可以直观地看出,在相同隐因子数量下各种推荐模型的推荐精度比较,其中 SVD++ 是最高的。但是随着隐因子数量的增多,其他三种方式越来越接近。为了清晰反映各模型的运行时间,图 8.7 分析了四种模型在前 5 组实验中隐因子数量分别为 5~25 的 AVE_RUNTIME。

图 8.7 为 SVD 和 SVD++ 在不同隐因子数量下的 AVE_RMSE 变化曲线图。

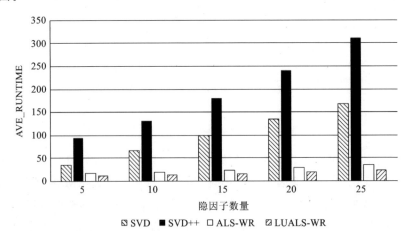

图 8.7　隐因子数量为 5~25 时的 AVE_RUNTIME 对比图

表 8.5 为 12 组隐因子下,四种模型之间的运行时间比。

表 8.5　不同隐因子数量下的模型运行时间比

隐因子数量	SVD/ SVD++	SVD/ ALS-WR	SVD/ LUALS-WR	SVD++/ ALS-WR	SVD++/ LUALS-WT	ALS-WR/ LUALS-WR
5	0.364	1.971	2.950	5.416	8.107	1.497
10	0.505	3.322	5.003	6.582	9.913	1.506
15	0.552	4.161	6.287	7.542	11.396	1.511
20	0.559	4.708	7.151	8.432	12.795	1.519
25	0.543	4.808	7.318	8.862	13.488	1.522
30	0.516	4.624	7.014	8.963	13.597	1.517
40	0.478	5.052	7.750	10.572	16.217	1.534
50	0.447	4.137	6.392	9.265	14.314	1.545
60	0.419	3.294	5.135	7.857	12.249	1.559
100	0.391	2.010	3.180	5.144	8.138	1.582
200	0.374	1.713	2.785	4.584	7.453	1.626
300	0.406	1.643	2.717	6.695	6.695	1.653

　　分析表 8.5 可以发现,分布式矩阵分解模型在效率上要远高于单机版,其中至少可以获得 1.643 倍的加速比。分析表 8.5 的最后两列可以发现,改进的 ALS 并行算法与基于 Mahout 的 ALS-WR 相比大约可以获得 1.5 倍的速度提升。

　　综合前面的 AVE_RMSE 和 AVE_RUNTIME 分析可以得出以下结论,分布式推荐算法在确保推荐精度的同时极大地提升了推荐效率,并且改进后的 LUALS-WR 并行算法,在原有 ALS-WR 的基础上也有了不错的速度提升。

8.3　Follow 社交关系的群组推荐方法

　　8.2 节提出的基于 LU 分解的 LUALS-WR 算法在最终推荐精度相当的情况下获得了一定的效率提升。而在社交网络领域,用户通常以用户群体的形式存在。本节在 LUALS-WR 算法基础上研究微博群组的好友推荐,提出基于 social choice 的群组偏好融合策略;并设计对比实验,比较对群组内评分数据进行矩阵分解和对全局评分数据进行矩阵分解的最终推荐效果。最后对比分析在不同偏好融合策略下的群组推荐效果,验证基于 social choice 的融合策略要优于传统的偏好融合策略。

8.3.1　群组推荐方法

8.3.1.1　群组推荐的层次框架

在前面的群组推荐概述中群组推荐是在个体推荐的基础上加入一些融合算法最终来获得整个群组推荐的推荐结果。根据其研究阶段,整个群组推荐模型可分为四层结构,即数据收集、数据预处理、推荐列表和推荐评估,每层对应完成不同的功能,其结构如图 8.8 所示。

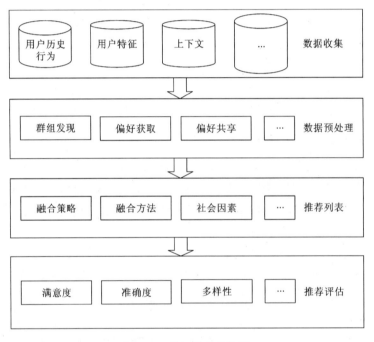

图 8.8　群组推荐结构图

数据收集层主要完成对原始数据集的信息统计筛选和特征分类。数据预处理层则是对上层的用户群组推荐的相关数据进行预处理,包括在前面介绍的归一化处理,剔除非常不活跃的用户,以及用于群组推荐的其他相关文件等。完成数据预处理后就到了推荐列表层,该层主要完成实际的推荐工作,应用对应的推荐算法和融合策略计算出群组对每个项目的预测评分,然后生成推荐列表给对应的群组。最后到了推荐评估层,推荐评估层主要用于对该群组推荐模型进行评价,本章依然采用均方根误差作为评估指标。

8.3.1.2　群组推荐融合算法

群组推荐融合算法即融合策略,群组推荐系统中的融合策略主要体现在两个方面:偏好融合与推荐融合列表。主要可以根据融合发生的时期来定义这两种融合。

推荐融合列表是产生推荐列表之后,这种融合比较简单。这种融合方法是在群组内每个用户都生成了推荐列表之后,然后根据一定的策略综合每个用户的推荐列表来生成群组的推荐列表。图 8.9 为采用推荐列表融合的群组推荐流程。

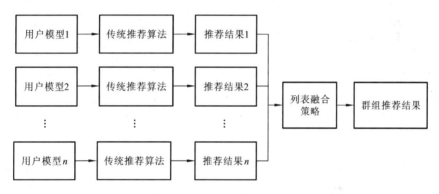

图 8.9　推荐列表融合的群组推荐流程

偏好融合是产生在推荐列表之前。这种融合不仅仅是个体推荐结果的综合,它把整个群组作为一个推荐对象来完成推荐。具体方法是考虑组内各个成员偏好之间的关联,根据一定的个体偏好融合策略计算得到整个群组的偏好,然后对群组采用合适的推荐算法进行推荐,最终产生群组推荐列表。图 8.10 为采用偏好融合的群组推荐流程。

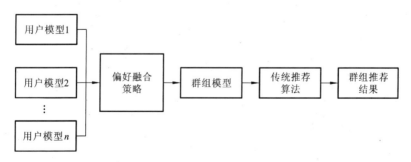

图 8.10　采用偏好融合的群组推荐流程

　　由于列表融合融合的只是推荐列表,并没有构建群组推荐模型,并没有综合考虑到群组内个体间偏好之间的关联,以及各个成员在整个群组内所占的比例和影响等,所以并不能真实反映整个群组的兴趣偏好,在推荐效果上往往不是很理想。本节采用偏好融合方法来研究微博群组好友推荐,在构建群组偏好时将依赖前面的实验结果,即根据分布式矩阵分解求得的个体对相应项目的预测评分作为群组中的个体偏好,完成群组偏好融合,然后完成 Follow 社交关系的群组推荐,并做出推荐评估。

8.3.1.3　矩阵分解模型群组推荐方法

　　本节主要完成的是面向腾讯微博群组的好友推荐,基于矩阵分解模型和分布式并行处理技术,加以合适的群组偏好融合策略来完成群组的推荐。最后对比分析各种推荐方法的推荐精度,并以此比较得出每种方法的适用性和适用数据特征。

　　具体的推荐方法是先通过矩阵分解技术得到单个用户对群组内每个用户的预测打分,然后对这些预测打分分别采用六种融合策略进行融合,得出最终群组对该项目的预测打分,从而依据得分的高低生成群组推荐列表。

算法 8.4　群组推荐

输入:用户-项目打分记录 records,项目特征数据集 F。
输出:群组推荐列表 T。

```
1. Group[] G = Spilt(F);        //根据项目特征将 user 分类
2. for i in userSet
3. for j in itemSet do          //根据评分记录用 SVD 分解求每个个体对每个项目的预测打分
4. pre_rat = SVD(records);
5. for j in itemSet do
6. Group_rat = mix(pre_rat);    //采用融合策略融合个体偏好形成群组偏好
7. T = top(k);                  //选取得分高的前 k 个形成群组推荐列表
end
```

　　假设用户数量为 m,项目数量为 n,则算法 8.4 的时间复杂度为 $O(mn)$。

8.3.2　偏好融合策略

　　从前面的矩阵分解模型群组推荐方法可以看出,群组推荐相对于个体推荐的关键步骤就在个体偏好的融合上。偏好融合策略的最终目的是聚合群组内的每个个体的偏好来得到群组偏好,并且保障此偏好值的准确性、可靠性和公平性。偏好融合策略的选取还与数据集的特点密切相关。对于不同性质的数据集,不同的融合策略所取得的推荐效果往往不同,要根据具体数据集实验进行具体分析。

现在,群组推荐在国际上已经有了一定的研究基础,偏好融合方法也有了一定的突破。从 20 世纪 70 年代群组融合概念提出至今,随着群组推荐的发展,相继提出了多种偏好融合方法。其中主流的是考虑用户满意度的方法。这类方法以用户对项目的满意程度为基准作为群组对项目的偏好即打分。这类方法具有代表性的有均值策略和最低忍耐度策略等。

针对本节研究的微博群组好友推荐和数据集特征提出一种基于 social choice 的偏好融合策略。其主要思想是按照一定的方法给群组内的每个项目计算该项目最终获得的总积分,以总积分为整个群组对该项目的偏好。

8.3.2.1　基于 social choice 的偏好融合策略

本小节主要研究的是微博群组的好友推荐,通过数据集可以发现,用户对项目的评分只有 1 和 0,分别表示接受和拒绝该好友的推荐。根据这个特性,本小节提出可以通过项目按照一定的规则给群组内的每个项目设定积分,综合考虑到每个用户对项目的打分值,统计出总积分为群组对项目的打分。本小节提出两种基于 social choice 的偏好融合方法:Borda 计数法和 Copeland 规则。

1) Borda 计数法

采用 SVD 分解可以得到的每个用户对每个项目的预测打分,即可以得到补全的评分矩阵。对该矩阵中的用户-项目评分按照用户对其喜好程度设定积分。随着喜好程的增加,分值增加,即对该矩阵的每一行按从大到小排序,排第一的分值设为 $N \times 1$ 分,第二的为 $N \times 1/2$ 分,依次递减,最后将设置积分后的评分矩阵按列求和得到群组对项目的总积分。这里的 N 取一个大数即可。然后对该群组内所有项目的总积分进行排序,将排前 K 个项目的积分设置为 1,其他设置为 0。这样就考虑到了群组内的所有个体偏好,完成了基于 Borda 计数法的偏好融合。

例如,对于以下设定积分的评分矩阵:

	I_1	I_2	$\cdots$	I_n
U_1	$N\times 1/2$	$N\times 1/10$	$\cdots$	$N\times 1/100$
U_2	$N\times 1/5$	$N\times 1/50$	$\cdots$	$N\times 1/30$
$\vdots$	$\vdots$	$\vdots$		$\vdots$
U_n	$N\times 1/100$	$N\times 1$	$\cdots$	$N\times 1/2$

其中的每一行按照大小为用户对各个项目的喜好程度,并形成列表,再对每一列求和得到每个项目的总积分,这里称为 Borda 计数积分。最后对每个项目的 Borda 计数积分由大到小排序,认为前 k 个群组对其预测评分为 1,其余的为 0。

群组偏好公式描述为

$$B_j = \sum_{i=1}^{n} b_{ij} \tag{8.21}$$

$$G_j = \begin{cases} 1, & B_j \in \mathrm{Top}(k) \\ 0, & B_j \notin \mathrm{Top}(k) \end{cases} \tag{8.22}$$

式中:b_j 为根据 SVD 分解得到的预测打分排序给项目 j 设定的积分;B_j 为每个项目 b_j 的累加,即 Borda 计数积分;G_j 为最终群组对项目 j 的预测打分;$B_j \in \mathrm{Top}(k)$ 表示最终生成的从大到小 Borda 计数积分列表里,在前 K 个里存在 B_j。

2) Copeland 规则

Copeland 规则考察的是群组内项目之间的比较,根据比较来定义项目积分。对群组内的任意两个项目进行两两比较,比较整个群组内的用户对二者的喜好程度,喜好偏多的项目积分设为 1,喜欢较少的项目积分设为 -1。若群组用户对二者的喜好程度相同,则都积 0 分。最后统计每个项目的积分累加为总积分,得到一个由大到小的项目积分排序,同样将排在前 K 个项目的积分设置为 1,其他设置为 0,即为最后的群组对各个项目的偏好值。再将前 K 个项目推荐给该群组,生成 top N 推荐。

Copeland 规则表示为

$$r_{ij} = \begin{cases} 1, & \mathrm{position}_i < \mathrm{position}_j \\ 0, & \mathrm{position}_i = \mathrm{position}_j \\ -1, & \mathrm{position}_i > \mathrm{position}_j \end{cases} \tag{8.23}$$

$$C_i = \sum_{j=1}^{n} r_{ij} \tag{8.24}$$

$$G_j = \begin{cases} 1, & C_j \in \text{Top}(k) \\ 0, & C_j \notin \text{Top}(k) \end{cases} \tag{8.25}$$

式中：r_{ij} 表示根据两个项目间的比较给项目设定的积分；position_i 表示群组用户对物品 i 的喜好程度；C_i 表示物品 i 的 r_{ij} 的累加；G_j 表示最后整个群组对物品 j 的预测打分。

2. 传统的基于满意度的偏好融合方法

基于满意度的方法主要考察群组内每个用户对项目的满意程度来决定整个群组对项目的偏好值。常用的方法有基于最低忍耐度的融合方法、基于最高满意度的融合方法以及均值策略。最低忍耐度是采用群组内用户对项目的最低评分作为群组偏好。最高满意度是取群组内用户对项目的最高分作为群组偏好。均值策略则是取所有用户对项目打分的平均值作为群组偏好。具体的公式分析见表 8.6 所示。

考虑用户满意程度的偏好融合方法主要直接利用群组内的个体对项目的偏好，根据一定的规则设定积分的过程。所以相比本小节提出的基于 social choice 的偏好融合方法，其考察个体间的偏好关联则显得更单一。

表 8.6　三种基于满意度的群组偏好融合策略

融合方法	公式	注解	解释说明
最高满意度 (most-pleasure)	$G_j = \max_{m_i \in G} r_{ij}$	G_j 为群组对项目 j 的预测评分；r_{ij} 为用户 m_i 对项目 j 的评分	群组对项目的评分为群组所有用户中对该项目评分最高的用户对该项目的评分，即 r_{ij} ($i=1,\cdots,n$)的最大值
最低忍耐度 (least-misery)	$G_j = \min_{m_i \in G} r_{ij}$	G_j 为群组对项目 j 的预测评分；r_{ij} 为用户 m_i 对项目 j 的评分	群组对项目的评分为群组所有用户中对该项目评分最低的用户对该项目的评分，即 r_{ij} ($i=1,\cdots,n$)的最小值
均值策略 (average-stratery)	$G_j = \text{average}_{m_i \in G} r_{ij}$ $= \dfrac{1}{n} \sum\limits_{i=1}^{n} r_{ij}$	G_j 为群组对项目 j 的预测评分；r_{ij} 为用户 m_i 对项目 j 的评分	群组对项目的评分为群组中所有用户对该项目评分的平均分

8.4　实验结果与分析

8.4.1　实验数据预处理

为了实验的可靠性和对比性,本章的原始数据是第 2 章处理之后的数据,即进行了归一化处理、剔除了不活跃用户之后的数据集,数据集大小为1.37 GB。

数据的预处理包括两部分,即按照级别的群组划分和群组对组内每个项目的真实偏好计算。

由于本章主要完成的是微博群组的好友推荐实验,因此首先要对数据进行分组。在数据集特征分析中所提到的 item. txt 文件中记录了各个推荐好友所属的类型级别信息,形如"4.3.1.2",所以可以根据级别的个数对原始数据集中的所有用户进行分类。为了进行对比实验,依次按上述 4 个级别分类,记为 Lv. 1、Lv. 2、Lv. 3、Lv. 4。

群组分类完成后,需要计算群组对每个项目的真实打分,采用的是求平均值的方法。以群组内某个项目所得评分的平均分为群组对该项目的真实偏好。然而这里是做好友 Follow 关系推荐,最后的得分只能是 0 或 1,所以需要选取一个阈值 β,当得分大于 β 时认为偏好为 1,即该群组接受这个项目的推荐;当得分小于等于 β 时,认为这时的群组偏好为 0,群组拒绝了这个项目的推荐。具体的群组真实偏好计算公式为

$$\text{average}_j = \frac{1}{n} \sum_{i=1}^{k} r_{ij}$$

$$G_j = \begin{cases} 1, & \text{average}_j > \beta \\ 0, & \text{average}_j \leqslant \beta \end{cases}$$

式中:n 为群组 G 中的用户数量;k 为群组 G 中对项目 j 有过评分的用户数量;r_{ij} 为用户 i 对项目 j 的真实评分;average_j 为群组 G 中项目 j 的平均得分;G_j 为群组 G 对项目 j 的真实评分,即偏好值。

8.4.2　实验方案设计

本章的实验是以前面的第 2 章和第 3 章介绍的 SVD 分解为基础,并且是完成的 Follow 社交关系的群组好友推荐,所以要考虑每个用户的邻域变化。

根据这个要求,本节采用对比实验来分析。

8.4.2.1　组内分解-组内融合

(1) 对各个组内的评分记录进行 SVD 矩阵分解,得到该群组内每个用户对组内每个项目的预测评分。

(2) 然后采用上述五种融合策略依次对预测评分进行融合,得到群组对各个项目的预测打分。

(3) 按照群组对每个项目预测打分的高低进行 top N 推荐,生成群组推荐列表 $T(K)$,即选择得分最高的前 K 个项目推荐给这个群组。

(4) 根据前面得出的群组对组内项目的真实偏好,计算出该群组推荐模型的 RMSE,完成对推荐模型精度的评估。

8.4.2.2　全局分解-组内融合

(1) 直接用第 3 章的实验结果,即第 3 章分布式 SVD 分解全体评分记录得到的所有用户对各个项目的预测评分。

(2) 根据分组,在全体预测评分中找到组内用户对组内项目的预测打分,然后对打分做上述五种融合得到群组预测打分。

(3) 同组内分解-组内融合,根据第(2)步得到的群组预测打分,给该群组推荐 K 个项目,即生成推荐列表 $T(K)$。

(4) 计算该群组推荐模型的 RMSE。

最后测试我们提出的混合满意度融合策略。在上述两种方法较优的方法上完成测试混合融合与单一融合的比较。

8.4.3　实验分析

为了实验的可靠性,组内分解-组内融合的 SVD 分解阶段所涉及的参数均与前面相同,即学习步长 alpha 为 0.065,每次迭代衰减 5%,隐因子的个数选为前面得到的最佳模型的个数是 60,正则化项参数 λ 为 0.25,循环迭代 15次,此处的 β 值取 0.7。最终的精度 RMSE 同样为 30 次实验的平均值,记为 AVE_RMSE。

表 8.7、表 8.8 和图 8.11 分析采用两级划分群组时,组内分解-组内融合与全局分解-组内融合的精度对比。

表 8.7　组内分解-组内融合推荐精度表

实验编号	融合方法	隐因子个数	迭代次数	AVE_RMSE
1	Borda 计数法	60	15	0.81423
2	Copeland 规则	60	15	0.82731
3	最高满意度	60	15	0.86297
4	最低忍耐度	60	15	0.84025
5	均值策略	60	15	0.84923

表 8.8　全局分解-组内融合推荐精度表

实验编号	融合方法	隐因子个数	迭代次数	AVE_RMSE
1	Borda 计数法	60	15	0.93361
2	Copeland 规则	60	15	0.94105
3	最高满意度	60	15	0.97365
4	最低忍耐度	60	15	0.96073
5	均值策略	60	15	0.96729

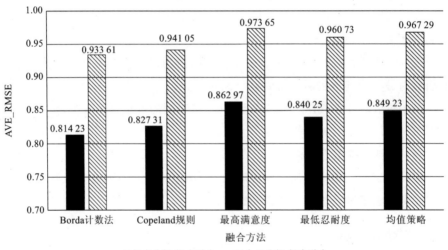

图 8.11　组内分解-组内融合和全局分解-组内融合精度对比图

　　通过表 8.7、表 8.8 和图 8.11 可以清晰地看出邻域对推荐精度的影响。在相同规则的融合策略下,组内分解-组内融合方法的最终推荐精度要明显高于全局分解-组内融合。这说明在各个组内进行矩阵分解时,由于组内的用户是由分组选定的,在一定程度上具有更高的相似性,推荐精度更高。分析同一种方法的不同融合策略时发现,前两种基于 social choice 融合方法的推荐精度要高于后面三种。前两种考察了每个打分值,并且给予了一定的权重来处理,在考察群组内用户之间的关联上要优于后面三种,所以推荐效果要好于传统的偏好融合策略。

在计算群组对项目的真实打分时,选取了一个阈值 β。当融合打分高于 β 时,认为群组对项目的真实打分为 1;当融合打分低于 β 时,认为群组对项目的真实打分为 0。前面的实验是在 β 为 0.7 的情况下分析的全局分解-组内融合与组内融合-组内分解的推荐效果。为了考察 β 对实验结果的影响,下面针对不同的 β 取值,基于前面五种融合策略,并且在组内分解-组内融合的基础上进行实验分析。

表 8.9 为在不同的 β 取值情况下,五种融合策略的最终推荐精度表。

表 8.9　不同 β 取值下的各融合策略的最终推荐精度表

实验编号	隐因子个数	β	融合方法	AVE_RMSE	Precision
1	60	0.65	Borda 计数法	0.83117	0.321
			Copeland 规则	0.84561	0.326
			最高满意度	0.89016	0.351
			最低忍耐度	0.87417	0.332
			均值策略	0.88165	0.338
2	60	0.7	Borda 计数法	0.81423	0.181
			Copeland 规则	0.82731	0.184
			最高满意度	0.86297	0.197
			最低忍耐度	0.84025	0.192
			均值策略	0.84923	0.189
3	60	0.75	Borda 计数法	0.80132	0.157
			Copeland 规则	0.81308	0.159
			最高满意度	0.85097	0.168
			最低忍耐度	0.83726	0.161
			均值策略	0.84061	0.163
4	60	0.8	Borda 计数法	0.82316	0.231
			Copeland 规则	0.82972	0.239
			最高满意度	0.86547	0.253
			最低忍耐度	0.83301	0.242
			均值策略	0.84248	0.247

从表 8.9 所示的实验结果中可以看出 β 对群组推荐精度的影响。当 β 的

取值为 0.75 时,均方根误差和查准率均达到最低。但是不管 β 怎样变化,基于 social choice 的融合方法的推荐精度始终高于基于满意度的融合方法。但是随着 β 的增大,三种基于满意的精度也随之增高,逐渐接近 social choice 的融合方法,并且最低忍耐度效果逐渐好于其他两种基于满意度的偏好融合方法。

实验 1 和实验 2 分别确定了较优的矩阵分解模型融合方法以及 β 值,并且通过第一组实验知道了,邻域会对群组推荐最终的推荐精度产生比较大的影响。所以在前两组实验的基础上,即采用组内分解-组内融合的模式,β 值取 0.75 来完成分组级别对最终推荐精度的影响。表 8.10 为在 4 级分类情况下,各种融合方法取得的最终推荐精度比较。

表 8.10　不同级别群组划分的最终推荐精度表

实验编号	群组划分级别	融合方法	迭代次数	AVE_RMSE
1	Lv. 1	Borda 计数法	15	0.85527
		Copeland 规则		0.86106
		最高满意度		0.90319
		最低忍耐度		0.89113
		均值策略		0.89515
2	Lv. 2	Borda 计数法	15	0.81423
		Copeland 规则		0.82731
		最高满意度		0.86297
		最低忍耐度		0.84025
		均值策略		0.84923
3	Lv. 3	Borda 计数法	15	0.77583
		Copeland 规则		0.76816
		最高满意度		0.79321
		最低忍耐度		0.78753
		均值策略		0.77218
4	Lv. 4	Borda 计数法	15	0.54061
		Copeland 规则		0.53046
		最高满意度		0.55725
		最低忍耐度		0.54527
		均值策略		0.54092

　　图 8.12 以条形图形式分析了不同分类级别下,每种融合策略的群组推荐
的最终推荐精度对比。

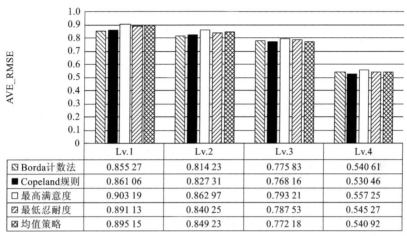

	Lv.1	Lv.2	Lv.3	Lv.4
⊠ Borda 计数法	0.855 27	0.814 23	0.775 83	0.540 61
■ Copeland 规则	0.861 06	0.827 31	0.768 16	0.530 46
□ 最高满意度	0.903 19	0.862 97	0.793 21	0.557 25
▨ 最低忍耐度	0.891 13	0.840 25	0.787 53	0.545 27
⊠ 均值策略	0.895 15	0.849 23	0.772 18	0.540 92

分组级别

图 8.12　不同分类级别下各种融合策略的最终推荐精度对比图

　　通过比较图 8.12 中的每一簇可知,推荐精度最差的方法总是最高满意度融
合方法,说明本数据集并不适合采用这种方法进行融合。在基于 social choice 的
方法上,对于分类级别为 Lv.1、Lv.2 级时,针对本实验数据集,Borda 计数法的
推荐效果总是要优于 Copeland 规则,但在划分级别为 Lv.3、Lv.4 级时 Copeland
规则就要优于 Borda 计数法了。这说明在分类级别较低,群组内用户间相似度
并不是太高的情况下,按照用户的喜好程度给项目进行设定积分的策略很适
合,要优于项目间的两两比较来设定积分。但是随着分类的细化,用户相似度
增加,按照喜好程度来设定积分已经不足以区别用户对项目的偏好,所以采用
项目间的两两比较来设定积分的方法体现出了更好的效果。

　　通过图 8.12 中各个簇的变化,可以清楚地得知,随着分类级别的上升,不
管采用何种融合策略,其推荐精度都会增高。这说明邻域对群组推荐模型的
影响很重要,群组内的成员关联越来越紧密,相似度也越来越高,推荐精度就
会越来越高,而且随着分类的细化,均值策略效果上升明显。随着分类的进一
步细化,当采用 4 级分类时,均值策略与 Borda 计数法只相差 0.0003 左右,其
推荐精度逐渐逼近基于 social choice 的融合方法,更进一步说明了群组内用
户关联程度对推荐效果的影响。当组内成员兴趣差异不明显时,个体偏好均

值能够很好地代表群组对项目的偏好。由本次实验的结果来看,本章提出的基于 social choice 的偏好融合方法得到了很好的效果。按照各个级别划分群组时,其推荐精度都要好于传统的基于满意度的偏好融合方法,证实了基于 social choice 的偏好融合的可行性。

参 考 文 献

[1] ZHOU K,ZHA H Y. Learning binary codes for collaborative filtering. Knowledge Discovery and Data Mining(KDD),2012:498-506.

[2] 王元卓,勒小龙,程学旗. 网络大数据:现状与展望. 计算机学报,2013,36(6):1125-1138.

[3] GOYAL A,LAKSHMANAN L V S. RecMax:Exploiting recommender systems for fun and profit. Knowledge Discovery and Data Mining(KDD),2012:1294-1302.

[4] BECKER J,VOM BROCKE J,HEDDIER M,et al. In search of information systems (Grand) challenges-a community of inquirers perspective. Business & Information Systems Engineering,2015,57(6):377-390.

[5] 杨兴耀,于炯,吐尔根,等. 融合奇异性和扩散过程的协同过滤模型. 软件学报,2013,24(8):1868-1884.

[6] ADAMOPOULOS P,TUZHILIN A. Recommendation opportunities:Improving item prediction using weighted percentile methods in collaborative filtering systems. Conference on Recommender Systems(RecSys),2013:351-354.

[7] XU S L,LUI J C S. Product selection problem:Improve market share by learning consumer behavior. Knowledge Discovery and Data Mining(KDD),2014:851-860.

[8] REFORMAT M,YAGER R R. Suggesting recommendations using pythagorean fuzzy sets illustrated using netflix movie data. Information Procession and Management of Uncertainty(IPMU),2014:546-556.

[9] BORGHOL Y,ARDON S,CARLSSON N,et al. The untold story of the clones: Content-agnostic factors that impact YouTube video popularity. Knowledge Discovery and Data Mining(KDD),2012:1186-1194.

[10] SHEN Y L,JIN H X. Privacy-preserving personalized recommendation:An instance-based approach via differential privacy. IEEE International Conference on Data Mining(ICDM),2014:540-549.

[11] 高明,金澈清,钱卫宁,等. 面向微博系统的实时个性化推荐. 计算机学报,2014,37(4):963-975.

[12] GUY I,LEVIN R,DANIEL T,et al. Islands in the stream:A study of item recommendation within an enterprise social stream. International Conference on Research and

Development in Information Retrieval(SIGIR),2015:665-674.

[13]　SHEN Y L,JIN R M. Learning personal + social latent factor model for social recommendation. Knowledge Discovery and Data Mining(KDD),2012:1303-1311.

[14]　亚文辉."大数据时代"来临挑战和机遇并存.中国高新技术产业导报,2012-04-16 (A06).

[15]　ZHAO Q,ZHANG Y,FRIEDMAN D,et al. E-commerce recommendation with personalized promotion. Conference on Recommender Systems(RecSys),2015: 219-226.

[16]　MCAULEY J J,TARGETT C,SHI Q F,et al. Image-based recommendations on styles and substitutes. International Conference on Research and Development in Information Retrieval(SIGIR),2015:43-52.

[17]　REDDY M S,ADILAKSHMI T. Music recommendation system based on matrix factorization technique-SVD. International Conference on Computer Communication and Informatics(ICCCI),2014:1-6.

[18]　DIAO Q M,QIU M H,WU C Y,et al. Jointly modeling aspects,ratings and sentiments for movie recommendation(JMARS). Knowledge Discovery and Data Mining(KDD), 2014:193-202.

[19]　邹本友,李翠平,谭力文,等.基于用户信任和张量分解的社会网络推荐.软件学报, 2014,25(12):2852-2864.

[20]　LI C Y,LIN S D. Matching users and items across domains to improve the recommendation quality. Knowledge Discovery and Data Mining(KDD),2014:801-810.

[21]　于洪,李俊华.一种解决新项目冷启动问题的推荐算法.软件学报,2015,26(6): 1395-1408.

[22]　KLUVER D,KONSTAN J A. Evaluating recommender behavior for new users. Conference on Recommender Systems(RecSys),2014:121-128.

[23]　陈克寒,韩盼盼,吴健.基于用户聚类的异构社交网络推荐算法.计算机学报,2013, 26(2):349-359.

[24]　刘海洋,王志海,黄丹,等.基于评分矩阵局部低秩假设的成列协同排名算法.软件 学报,2015,26(11):2981-2993.

[25]　WANG H,WANG N Y,YEUNG D Y. Collaborative deep learning for recommender systems. Knowledge Discovery and Data Mining(KDD),2015:1235-1244.

[26]　方耀宁,郭云飞,兰巨龙.基于 Logistic 函数的贝叶斯概率矩阵分解算法.电子与信 息学报,2014,36(3):715-720.

[27]　ADOMAVICIUS G,KWON Y O. Improving aggregate recommendation diversity using ranking-based techniques. IEEE Transactions on Knowledge and Data Engineering,2012,24(5):896-911.

[28] AIOLLI F. Convex AUC optimization for top-N recommendation with implicit feedback. Conference on Recommender Systems(RecSys),2014:293-296.

[29] YI X,HONG L J,ZHONG E,et al. Beyond clicks:Dwell time for personalization. Conference on Recommender Systems(RecSys),2014:113-120.

[30] VOLKOVS M,YU G W. Effective latent models for binary feedback in recommender systems. International Conference on Research and Development in Information Retrieval (SIGIR),2015:313-322.

[31] CHEN L,WANG Y L,LIANG T T,et al. Data augmented maximum margin matrix factorization for flickr group recommendation. Pacific-Asia Conference on Knowledge Discovery and Data Mining(PAKDD),2014:473-484.

[32] ZHANG W,WANG J Y,FENG W. Combining latent factor model with location features for event-based group recommendation. Knowledge Discovery and Data Mining(KDD),2013:910-918.

[33] NEWMAN M E J,PARK J. Why social networks are different from other types of networks. Physical Review E,2003,68:036122.

[34] JAVA A,SONG X,FININ T,et al. Why we twitter:Understanding microblogging usage and communities. Proceeding of the 9th Web KDD and the 1th SNA-KDD 2007 Workshop on Web Mining and Social Network Analysis,2007.

[35] KRISHNAMURTHY B,GILL P,ARLITT M. A few chirps about twitter. Proceedings of the 1st Workshop on Online Social Networks,2008.

[36] JANSEN B J,ZHANG M,SOBEL K,et al. Microblogging as online word of mouth branding. Proceedings of the 27th International Conference Extended Abstracts on Human Factors in Computing Systems,2009:3859-3864.

[37] KWAK H,LEE C,PARK H,et al. What is Twitter,a social network or a news media? Proceedings of the International World Wide Web Conference,2010:26-30.

[38] LIU Z Y,CHEN X X,SUN M S. Mining the interests of Chinese microbloggers via key word extraction. Frontiers of Computer Science in China(FCSC),2012,6(1):76-87.

[39] SILVESTRI F. Mining query logs:Turning search usage data into knowledge. Foundations and Trends in Information Retrieval,2010,4(1-2):1-174.

[40] BAEZA-YATES R A,HURTADO C A,MENDOZA M. Query recommendation using query logs in search engines. Proceedings of Current Trends in Database Technology—EDBT 2004 Workshops,2004:588-596.

[41] BAROUNI-EBRAHIMI M,GHORBANI A A. A novel approach for frequent phrase mining in Web search engine query streams. Proceedings of Fifth Annual Conference on Communication Networks and Services Research(CNSR2007),2007:125-132.

[42] GAO W,NIU C,NIE J Y,et al. Cross-lingual query suggestion using query logs of

different languages. SIGIR 2007: Proceedings of the 30th Annual International ACM SIGIR Conference on Research and Development in Information Retrieval,2007:463-470.

[43]　BRODER A Z,CICCOLO P,GABRILOVICH E,et al. Online expansion of rare queries for sponsored search. Proceedings of the 18th International Conference on World Wide Web,2009:511-520.

[44]　SONG Y,HE L W. Optimal rare querys uggestion with implicit user feedback. Proceedings of the 19th International Conference on World Wide Web, 2010: 901-910.

[45]　BHATIA S,MAJUMDAR D,MITRA P. Query suggestions in the absence of query logs. Proceeding of the 34th International ACM SIGIR Conference on Research and Development in Information Retrieval,2011:795-804.

[46]　MEI Q,ZHOU D,CHURCH K W. Query suggestion using hitting time. Proceedings of the 17th ACM Conference on Information and Knowledge Management,2008: 469-478.

[47]　BOLDI P,BONCHI F,CASTILLO C,et al. Query suggestions using query-flow graphs. Proceedings of the 2009 Workshop on Web Search Click Data,2009:56-63.

[48]　CAO H,JIANG D,PEI J,et al. Context-aware query suggestion by mining click through and session data. Proceedings of the 14th ACM SIGKDD International Conference on Knowledge Discovery and Data Mining,2008:875-883.

[49]　CUCERZAN S,WHITE R W. Query suggestion based on user landing pages. Proceedings of the 30th Annual International ACM SIGIR Conference on Research and Development in Information Retrieval,2007:875,876.

[50]　JONES R,REY B,MADANI O,et al. Generating query substitutions. Proceedings of the 15th International Conference on World Wide Web,2006:387-396.

[51]　MA H,YANG H,KING I,et al. Learning latent semantic relations from clickthrough data for query suggestion. Proceedings of the 17th ACM Conference on Information and Knowledge Management,2008:709-718.

[52]　XI W,LIND J,BRILL E. Learning effective ranking functions for news group search. SIGIR,2004:394-401.

[53]　ELSAS J L,CARBONELL JG. It pays to be picky:An evaluation of thread retrieval in online forums. SIGIR,2009:714,715.

[54]　LI L,CHEN X. Extraction and analysis of Chinese microblog topics from sina. CGC, 2012:571-577.

[55]　CHEN X,LI L,XIAO H F,et al. Recommending related microblogs:A comparison between topics and WordNet based approaches. AAAI,2013:2417,2418.

[56]　CHEN X,LI L,XIONG S L. The media feature analysis of microblog topics. SNSM

Workshop in DASFAA,2013:193-206.

[57] LI L,CHEN X,XU G D. Suggestion for fresh search queries by mining microblog topics. BSIC Workshop in IJCAI,2013:214-223.

[58] 叶菁菁,李琳,钟珞.基于标签的微博关键词抽取排序方法.计算机应用,2016,36 (2):563-567.

[59] 杨光.Web 大数据多层级相关推荐算法研究.武汉:武汉理工大学,2016.

[60] ZHONG X,YANG G. Clustering and correlation based collaborative filtering algorithm for cloud platform. IAENG International Journal of Computer Science,2016,43(1): 108-114.

[61] 钟珞,袁景凌,李琳,钟忺.智能方法及应用.北京:科学出版社,2015.

[62] WANG B L,HUANG J H,OU L B,et al. A collaborative filtering algorithm fusing user-based,item-based and social networks. IEEE International Conference on Big Data,2015:2337-2343.

[63] KABBUR S,NING X,KARYPIS G. FISM:Factored item similarity models for top-N recommender systems. Knowledge Discovery and Data Mining(KDD),2013: 659-667.

[64] CAI X C,BAIN M,KRZYWICKI A,et al. ProCF:Probabilistic collaborative filtering for reciprocal recommendation. Pacific-Asia Conference on Knowledge Discovery and Data Mining,2013:1-12.

[65] NOIA T D,OSTUNI V C,ROSATI J,et al. An analysis of users' propensity toward diversity in recommendations. Conference on Recommender Systems(RecSys),2014: 285-288.

[66] HU D J,HALL R,ATTENBERG J. Style in the long tail:Discovering unique interests with latent variable models in large scale social E-commerce. Knowledge Discovery and Data Mining(KDD),2014:1640-1649.

[67] ZHU X X,ANGUELOV D,RAMANAN D. Capturing long-tail distributions of object subcategories. Computer Vision and Pattern Recognition(CVPR),2014: 915-922.

[68] 项亮.推荐系统实践.北京:人民邮电出版社,2012.

[69] Hwang T K,Li Y M. Optimal recommendation and long-tail provision strategies for content monetization. Hawaii International Conference on System Sciences(HICSS), 2014:1316-1323.

[70] 印桂生,张亚楠,董红斌,等.一种由长尾分布约束的推荐方法.计算机研究与发展, 2013,50(9):1814-1824.

[71] 李瑞敏,林鸿飞,闫俊.基于用户-标签-项目语义挖掘的个性化音乐推荐系统.计算 机研究与发展,2014,51(10):2270-2276.

[72] DAS J,MAJUMDER S,DUTTA D,et al. Iterative use of weighted voronoi diagrams to improve scalability in recommender systems. Pacific-Asia Conference on Knowledge Discovery and Data Mining(PAKDD),2015:605-617.

[73] GUEYE M,ABDESSALEM T,NAACKE H. A parameter-free algorithm for an optimized tag recommendation list size. Conference on Recommender Systems (RecSys),2014:233-240.

[74] SHI J F,LONG M S,LIU Q,et al. Twin bridge transfer learning for sparse collaborative filtering. Pacific-Asia Conference on Knowledge Discovery and Data Mining (PAKDD),2013:496-507.

[75] JING H,LIANG A C,LIN S D,et al. A transfer probabilistic collective factorization model to handle sparse data in collaborative filtering. IEEE International Conference on Data Mining(ICDM),2014:250-259.

[76] ZHOU T,KUSCSIK Z,LIU J G. Solving the apparent diversity-accuracy dilemma of recommender systems. Proceedings of the National Academy of Sciences,2014,107 (10):4511-4515.

[77] ADAMOPOULOS P,TUZHILIN A. On over-specialization and concentration bias of recommendations:Probabilistic neighborhood selection in collaborative filtering systems. Conference on Recommender Systems(RecSys),2014:153-160.

[78] 王智圣,李琪,汪静,等. 基于隐式用户反馈数据流的实时个性化推荐. 计算机学报, 2016,39(1):52-64.

[79] PÁLOVICS R,BENCZÚR A A,KOCSIS L,et al. Exploiting temporal influence in online recommendation. Conference on Recommender Systems (RecSys), 2014: 273-280.

[80] 朱夏,宋爱波,东方,等. 云计算环境下基于协同过滤的个性化推荐机制. 计算机研究与发展,2014,51(10):2255-2269.

[81] 苏畅. 融合评分矩阵和评论文本的推荐算法研究. 武汉:武汉理工大学,2016.

[82] 谷鹏,李琳,苏畅,袁景凌. 面向群组的社交 follow 推荐方法研究. 小型微型计算机系统,2017,38(5):946-950.

[83] MCAULEY J,LESKOVEC J. Hidden factors and hidden topics:Understanding rating dimensions with review text. Proceedings of the 7th ACM conference on Recommender systems(RecSys),2013:165-172.

[84] BAO Y,FANG H,ZHANG J. Topicmf:Simultaneously exploiting ratings and reviews for recommendation. AAAI,2014:2-8.

[85] JORDAN M I,BLEI D M,NG A Y. Latent dirichlet allocation. Journal of Machine Learning Research,2003.

[86] 汪小帆,李翔,陈关荣. 复杂网络理论及其应用. 北京:清华大学出版社,2006.

[87] WOLFE A W. Social network analysis:Methods and applications. American Ethnologist, 2010,24(1):219-220.

[88] LU H,FENG Y. A measure of authors' centrality in co-authorship networks based on the distribution of collaborative relationships. Scientometrics, 2009, 81 (2): 499-511.

[89] GIRVAN M,NEWMAN M E J. Community structure in social and biological networks. Proceedings of the National Academy of Sciences of the United States of America,2001, 99(12):8271-8276.

[90] 王啸岩,袁景凌,秦凤. 位置社交网络中基于评论文本的兴趣点推荐. 计算机科学, 2017,44(12):245-248,278.

[91] 陈幸. 微博大数据文本分析方法及推荐服务. 武汉:武汉理工大学,2014.

[92] 付永平,邱玉辉. 一种基于贝叶斯网络的个性化协同过滤推荐方法研究. 计算机科学,2016,43(9):266-268.

[93] YE M,YIN P,LEE W C,et al. Exploiting geographical influence for collaborative point-of-interest recommendation. Proceeding of the International ACM SIGIR Conference on Research and Development in Information Retrieval,Beijing,2011: 325-334.

[94] GLASSMAN C C N R. Location-based services:Foursquare and gowalla, should libraries play? Journal of Electronic Resources in Medical Libraries,2010,7(7):336-343.

[95] 刘树栋,孟祥武. 基于位置的社会化网络推荐系统. 计算机学报,2015,38(2): 322-336.

[96] MNIH A,SALAKHUTDINOV R. Probabilistic matrix factorization. International Conference on Machine Learning,2012:880-887.

[97] LEE D D,SEUNG H S. Learning the parts of objects by non-negativ matrix factorization. Nature,1999,401(6755):788-791.

[98] 任星怡,宋美娜,宋俊德. 基于用户签到行为的兴趣点推荐. 计算机学报,2017,(1): 28-51.

[99] 潘亚鹏. 基于混合推荐的用户点击行为预测方法及其应用. 武汉:武汉理工大学,2017.

[100] 吕品,钟忺,黄文心. 方面级观点挖掘理论与方法. 北京:科学出版社,2015.

[101] 孙国梓,仇呈燕,李华康. 基于线性加权的微博影响力量化模型. 四川大学学报(工程科学版),2016,(01):78-84.

[102] 李寿山,黄居仁. 基于 Stacking 组合分类方法的中文情感分类研究. 中文信息学报,2010,(05):56-61.

[103] 刘龙飞. 基于卷积神经网络的在线商品评论情感倾向性研究. 大连:大连理工大学,2016.

[104]   任宇飞. SVM 模型改进的若干研究. 南京:南京邮电大学,2013.

[105]   周晓剑,马义中,朱嘉钢. SMO 算法的简化及其在非正定核条件下的应用. 计算机研究与发展,2010,(11):1962-1969.

[106]   杨楠. 基于 Caffe 深度学习框架的卷积神经网络研究. 石家庄:河北师范大学,2016.

[107]   MINSKY M L, PAPERT S. Perceptrons: An introduction to computational geometry. SurfacesOxford Applied Mathematics & Computing Science,1969,75(3):3356-3362.

[108]   BENGIO Y, LAMBLIN P, DAN P, et al. Greedy layer-wise training of deep networks. Neural Information Processing Systems,2007:153-160.

[109]   刘毅,钟忺,李琳. 融合隐性特征的群体推荐方法研究. 计算机科学,2017,44(3):231-236.

[110]   ZHENG X, CHEN C C, HUNG J L, et al. A hybrid trust-based recommender system for online communities of practice. IEEE Transactions on Learning Technologies,2015,8(4):345-356.

[111]   WANG J, ZHAO Z, ZHOU J, et al. Recommending flickr groups with social topic model. Information Retrieval,2012,15(3-4):278-295.

[112]   谬平. 基于微博用户兴趣模型的信息推送技术的研究. 武汉:武汉理工大学,2012.

[113]   WEI C, HSU W, LEE M L. A unified framework for recommendations based on quaternary semantic analysis. Proceedings of the 34th International ACM SIGIR Conference on Research and Development in Information Retrieval,2011:1023-1032.

[114]   WANG X, MA J, CUI C, et al. Flickr group recommendation based on quaternary semantic analysis. Journal of Computational Information Systems,2013,9(6):2235-2242.

[115]   WU D, ZHANG G, LU J. A fuzzy preference tree-based recommender system for personalized business-to-business E-services. IEEE Transactions on Fuzzy Systems,2015,23(1):29-43.

[116]   曹一鸣. 基于协同过滤的个性化新闻推荐算法的研究与实现. 北京:北京邮电大学,2013.

[117]   黄琼. 网络图书资源个性化推荐算法研究. 成都:西南交通大学,2014.

[118]   徐华华. 社会网络中的微博用户推荐算法研究. 武汉:华中科技大学,2012.

[119]   周子亮. 结合非负矩阵分解的推荐算法及框架研究. 北京:北京交通大学,2012.

[120]   鲁权. 基于协同过滤模型与隐语义模型的推荐系统研究与实现. 长沙:湖南大学,2013.

[121]   WOBCKE W, KRZYWICKI A, YANG S K, et al. A deployed people-to-people recommender system in online dating. AI MAGAZINE,2015,36(3):5-18.

[122]   CHUNG N, KOO C, KIM J K. Extrinsic and intrinsic motivation for using a booth

recommender system service on exhibition attendees' unplanned visit behavior. Computers in Human Behavior,2014,30(30):59-68.

[123] DASCALU M I,BODEA C N,MOLDOVEANU A,et al. A recommender agent based on learning styles for better virtual collaborative learning experiences. Computers in Human Behavior,2015,45(45):243-253.

[124] VERA-DEL-CAMPO J, PEGUEROLES J, HERNÁNDEZ-SERRANO J, et al. DocCloud:A document recommender system on cloud computing with plausible deniability. Information Sciences,2014,258(3):387-402.

[125] HUSEYNOV F,HUSEYNOV S Y,ÖZKAN S. The influence of knowledge-based e-commerce product recommender agents on online consumer decision-making. Information Development,2014,32(1).

[126] ALPHY A,PRABAKARAN S. A dynamic recommender system for improved Web usage mining and CRM using swarm intelligence. Scientific World Journal,2015: 1-16.

[127] FOROUZANDEH S,SOLTANPANAH H,SHEIKHAHMADI A. Application of data mining in designing a recommender system on social networks. International Journal of Computer Applications,2015,124.

[128] LU J,WU D,MAO M,et al. Recommender system application developments:A survey. Decision Support Systems,2015,74(C):12-32.

[129] BORATTO L,CARTA S. The rating prediction task in a group recommender system that automatically detects groups:Architectures, algorithms, and performance evaluation. Journal of Intelligent Information Systems,2014,45(2): 221-245.

[130] LIU Q,CHEN E H,XIONG H,et al. Enhancing collaborative filtering by user interest expansion. IEEE Transactions on Systems,Man,and Cybernetics-part B: Cybernetics,2012,42(1):218-233.

[131] 董玲玲. 基于矩阵分解的群组用户推荐算法研究. 武汉:武汉理工大学,2015.

[132] YIN H,CUI B,SUN Y,et al. LCARS:A spatial item recommender system. ACM Transactions on Information Systems,2014,32(3):11.

[133] 王立才,孟祥武,张玉洁. 上下文感知推荐系统. 软件学报,2012,23(1):1-20.

[134] 谷鹏. 分布式群组推荐算法研究. 武汉:武汉理工大学,2017.

[135] ZHOU Y,WILKINSON D,SCHREIBER R,et al. Large-Scale Parallel Collaborative Filtering for the Netflix Prize//Algorithmic Aspects in Information and Management. Springer Berlin Heidelberg,2008:337-348.